U0318390

No.3

顾问 史根东 刘德天 李兵弟 臧英年

美丽地球·少年环保科普丛书

环境恶化的警钟

叶 榄 孙 君 主编

编者 丁娟 人与 马向于 王晨琛 龙海铮 刘振 阮俊华 杨建南 张涓 陆宏 陈飞 陈开碇 陈耀祥 尚耀庭 封宁 郭耕 崔志如 崔晟

当地球病入膏肓的时候，也是人类灭绝的开始……

陕西出版传媒集团
陕西科学技术出版社

图书在版编目（CIP）数据

环境恶化的警钟 / 叶榄，孙君主编．一西安：陕西科学技术出版社，2014.1（2022.3 重印）

（美丽地球·少年环保科普丛书）

ISBN 978-7-5369-6023-7

Ⅰ．①环… Ⅱ．①叶… ②孙… Ⅲ．①环境保护—少年读物 Ⅳ．① X-49

中国版本图书馆 CIP 数据核字（2013）第 276733 号

环境恶化的警钟

叶 榄 孙 君 主编

出 版 人	张会庆	
策 划	朱壮涌	
责任编辑	李 栋	

出 版 者　陕西新华出版传媒集团　　陕西科学技术出版社

西安市曲江新区登高路 1388 号陕西新华出版传媒产业大厦 B 座
电话（029）81205187　传真（029）81205155 邮编 710061
http://www.snstp.com

发 行 者　陕西新华出版传媒集团　　陕西科学技术出版社

电话（029）81205180 81206809

印　　刷　三河市嵩川印刷有限公司

规　　格　720mm×1000mm　　16 开本

印　　张　9

字　　数　118 千字

版　　次　2014 年 1 月第 1 版

　　　　　2022 年 3 月第 3 次印刷

书　　号　ISBN 978-7-5369-6023-7

定　　价　32.00 元

序　言

历经 45 亿年成长的地球

孕育了无数生灵

而今

土地的荒漠化

淡水的干涸

空气的浑浊

无边的噪声

让地球灾难频发

让地球一病未愈一病又起

请好好爱护我们的地球家园

珍惜地球

就是珍惜人类自己

环保专家的肺腑之言

叶　榄 中国环保最高奖"地球奖"得者,中华慈善奖获得者,中国十大杰出青年志愿者,中国十大当代徐霞客,"墨子绿色与和平奖"、"林则徐禁烟奖"发起人。

人与自然的和谐是绿色,人与人的和谐是和平!

孙　君 中国三农人物,中华慈善奖获得者,生态画家,北京"绿十字"发起人,绿色中国年度人物,"英雄梦.新县梦"规划设计公益行总指挥。

外修生态,内修人文,传承优秀农耕文明。

阮俊华 中国环保最高奖"地球奖"获得者,中国十大民间环保优秀人物,浙江大学管理学院党委副书记。

保护环境是每个人的责任与义务!让更多人一起来环保!

封　宁 中国环境保护特别贡献奖获得者,"绿色联合"创始人,中国再生纸倡导第一人。

保护森林,保护绿色,保护地球。

史根东 联合国教科文组织中国可持续发展教育项目执行主任,教育家。

持续发展、循环使用,是人类文明延续的根本。

杨建南 中国环保建议第一人。

注重于环境的改变,努力把一切不可能改变为可能。

聆听环保天使的心声

王晨琛 "绿色旅游与无烟中国行"发起人,清华大学教师,被评为"全国青年培训师二十强"。

自地球拥有人类,环保就应该开始并无终止。

张 涓 中国第一环保歌手,中华全国青年联合会委员,全国保护母亲河行动形象大使。

用真挚的爱心、热情的行动来保护我们的母亲河!

郭 耕 中国环保最高奖"地球奖"获得者,动物保护活动家,北京麋鹿苑博物馆副馆长。

何谓保护?保护的关键,不是把动物关起来,而是把自己管起来。

臧英年 国际控烟活动家,首届"林则徐禁烟奖"获得者。

中国人口世界第一,不能让烟民数量也世界第一。

崔志如 中国上市公司环境责任调查组委会秘书长,CSR 专家,青年导师。

保护环境是每个人的责任与义务!

陈开碇 中原第一双零楼创建者,中国青年丰田环保奖获得者,清洁再生能源专家。

好的环境才能造就幸福人生。

第1章
地球得了哮喘病

我们都知道地球是人类的家园，但你知道吗？它还跟人类一样——也需要呼吸。如果没有新鲜的空气，地球会慢慢死去。现在，地球母亲得了哮喘病，它已经不能够顺畅地呼吸了。

寻找造成大气污染的铁证

课题目标

　　发挥你的侦探才能,找到造成大气污染的铁证,并身体力行地实施你的环保小建议。

　　要完成这个课题,你必须:

　　1.和家长、老师或者好朋友一起合作。

　　2.了解大气污染的产生因素。

　　3.观察并用手机把造成大气污染的证据拍下来。

　　4.身体力行,和朋友们一起做环保小卫士。

课题准备

　　可与你的好朋友一起上网了解相关知识,寻找造成大气污染的因素并与朋友找到对大气造成污染的铁证。

检查进度

　　在学习本章内容的同时完成这个课题。为了按时完成课题,你可以参考以下步骤来实施你的侦探计划。

　　1.查出地球大气污染的原因。

　　2.和朋友一起对照片进行整理。

　　3.列出保护大气层的环保小计划。

　　4.实施行动,做一个环保小卫士。

总结

　　本章结束时,可以和你的侦探团成员一起向父母、老师展示你的环保成果。

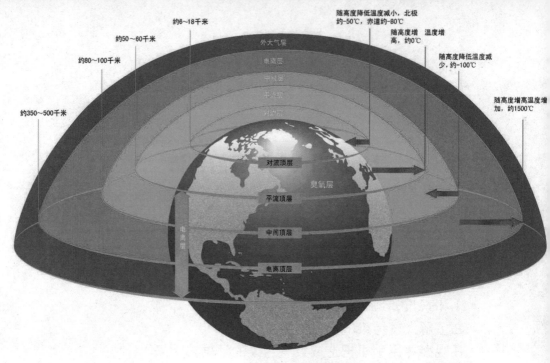

约6～18千米

约50～60千米

约80～100千米

约350～500千米

随高度降低温度减小，北极约-50℃，赤道约-80℃

随高度增 温度增高，约0℃

随高度降低温度减少，约-100℃

随高度增高温度增加，约1500℃

外大气层
电离层
中间层
平流层
对流层

对流顶层

臭氧层

平流顶层

电离层

中间顶层

电离顶层

地球的大气

延伸阅读

地球大气的成分

大气层的成分主要是氮气，占78.1%；另外氧气占20.9%，此外还有少量的二氧化碳、稀有气体（氦气、氖气、氩气、氪气、氙气、氡气等）和水蒸气。

大气层的空气密度随着高度的增高而减小，在1000千米之外的高空，仍然有稀薄空气存在。

假如捏住你的鼻子，堵住你的嘴巴会怎样？你肯定觉得不能呼吸了，如果再堵一段时间，人体再得不到氧气，就会因窒息而死亡。地球同样也是需要呼吸的。

地球的大气是地球自然环境的重要组成部分，跟人类的生存息息相关。从地面到1400千米高度，是地球大气层的厚度，其中大气总质量的98.2%集中在30千米以下。人类就像生活在水中的鱼类一样，生活在大气层之中，一时一刻也离不开大气。

大气不仅提供给我们呼吸需要的氧气，还像一层防弹衣一样，帮助人类抵御来自宇宙中的各种袭击。在宇宙中，有很多射线流，时时刻刻对地球进行着轰炸。这些宇宙射线含有巨大

的能量,会对地球上的生物造成巨大而永久的伤害,它们会破坏生物的蛋白质和DNA。地球的大气层能够拦截大部分的宇宙射线,如果没有大气层,地球一直处于宇宙射线的进攻之下,那么几乎没有生物能够在这样的环境下生存下去。

太空中还有很多陨石,不停地袭击着地球。幸亏有了大气层,这些固体物质在落到地面之前,几乎会被燃烧殆尽,不会对地面造成大的灾难性影响。

地球上有美丽的四季变化,有奇特的自然现象,如风、霜、雨、雪、雷、电等,这些自然现象的形成都是大气层的功劳。

大气对地球的影响是全方位的,它平衡着地球上的热力分布和水资源的循环。天气,从现象上来讲,绝大部分是大气中水分变化的结果。在太阳辐射、气压和大气环流的共同作用下,形成的天气的长期综合情况称为气候。大气科学研究的是气候的成因、不同区域的气候状况、气候变迁以及人类活动对气候的影响等问题。

地球得了哮喘病

假如把我们放在一间满是黑烟的屋子里，我们还能够生存吗？离开了氧气，仅需很短的时间，人便会窒息而亡。现在，地球上的大气被污染得非常严重，就如同我们被关进黑屋子一般，地球也因此而患上了严重的哮喘病。

地球患上哮喘病的主要原因正是人类造成的大气污染。科学家定义的大气污染是：人类活动或自然过程引起某些有害物质进入大气中，呈现出足够的浓度，达到足够的时间，并因此危害了人体的舒适、健康并对环境造成污染的现象。

大气污染的危害非常严重，它主要包含了

地球大哥，你生病了吗？

咳！

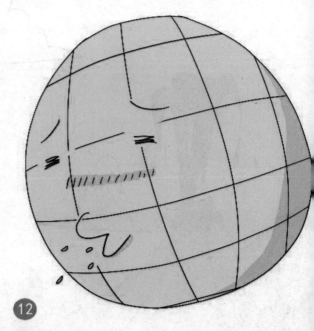

有害气体（二氧化碳、氮氧化物、碳氢化物、卤族化合物等）及颗粒物（粉尘和酸雾、气溶胶等）。它们的主要来源是工厂排放、汽车尾气、农垦烧荒、森林失火、炊烟（包括路边烧烤）、尘土（包括建筑工地）等。大气污染最初会对人体健康产生危害，轻度的危害是让人感觉不舒服，进一步会出现急性危害症状，例如使人中毒，生理上出现可逆性反应。污染物长时间作用于肌体，会损害体内遗传物质，使人体产生癌变，患上恶性肿瘤疾病的风险将大大提高。

大气污染会对工农业生产产生危害，影响经济发展，造成大量人力物力的损失；污染物会改变空气的能见度，使到达地面的太阳辐射量减少，进一步影响大气环流，造成很多极端天气的出现。

地球心酸的泪——酸雨

延伸阅读

美国著名的自由女神像，被誉为美国的象征。1984年，它被列入世界文化遗产名录。自由女神像高46米，加基座为93米，重200多吨，用金属铸造，外部包裹的是一层薄铜片，由于酸雨的影响，现在变得十分疏松，美国政府不得不支付大量的费用对其进行修复。

酸雨正式的名称是酸性沉降。通常我们说的酸雨是空气中的酸性物质，包括气状污染物或粒状污染物，随着雨、雪、雾或雹等降水型态而落到地面。事实上，在不下雨的日子里，酸雨也会形成，这时酸雨指的是从空中降下来的灰尘所带的酸性物质。

酸雨的直接危害是使人体的免疫功能降低，使慢性咽炎、气管炎等呼吸系统的疾病发病率增加。酸雨对工农业生产生活也有很多的损害：它会造成植物大面积枯萎，诱发病虫害；影响植物正常发育，使农作物大幅度减产；使土壤酸化，加速土壤矿物质营养元素流失，导致土壤贫瘠化。

酸雨会腐蚀建筑物，使建筑物表面变黑，

影响市容市貌。例如德国著名的科隆大教堂，这座
建筑是世界建筑史上的奇迹，它的整个建造历史有
632 年，集宏伟与细腻于一身，被誉为哥特式教堂
建筑中最完美的典范。就是这个艺术杰作，如果你
现在再去观赏的话，却能发现很多令人心痛的东西，
原来这个美的典范，现在已经被酸雨侵蚀得面目全非了。
由于酸雨的影响，科隆大教堂的石壁表面腐蚀得非常严重，一些石像
雕塑的剥蚀甚至是难以恢复的，其中最严重的一座石雕在 15 年间被
腐蚀掉了整整 10 厘米厚，让人看了十分心痛。

世界上酸雨最严重的国家以欧洲和北美居多，这些国家在遭受多
年的酸雨危害之后，终于意识到环境保护的重要性。大家一致认为大
气无国界，防治酸雨是一个国际性的环境问题，不能依靠一个国家单独解
决，必须共同采取对策，以减少硫氧化物和氮氧化物的排放
量。

地球不能呼吸了

　　大家去农民伯伯的温室里参观过吗？在温室里，即使在最寒冷的冬天，那里面也是暖烘烘的。但我们进到温室里，往往感觉非常难受，觉得呼吸有点困难。即使没有进过温室，我们也能在夏天的雷雨之前体会到这种憋闷的感觉。现在，地球正被放在一个温室里，它已经不能再顺利地呼吸了，迫切需要我们的保护。

　　地球之所以会呼吸不畅，主要是因为温室效应造成的。造成温室效应的气体叫作温室气体，比如二氧化碳、甲烷等。那么什么叫作温室效应，什么又叫作温室气体呢？

　　在温室的顶部，有一层透明的塑料薄膜，这种塑料能够让阳光透过，使温室内的温度升高，同时又能阻止温室内的热量散发出去，造成温室内

的温度比外部高好几度，而大气中的二氧化碳气体，就像是在地球表面盖了一层塑料薄膜。现在，大气中的二氧化碳含量越来越高，造成了全球平均气温也慢慢升高，科学家就把二氧化碳的这种保温效果叫作温室效应。

温室效应带给人们的主要是全球的气候变暖，全球变暖对人类的影响非常大，导致一些极端天气频繁出现，例如持久的干旱，特大的洪水，罕见的飓风等，给人类的生产生活带来极大的影响。全球变暖还会使地球上的冰川融化，特别是南北极大量的冰雪消融，造成海平面上升，给人类带来很大的威胁。

温室气体指的是那些能造成温室效应的气体，除了二氧化碳外，还有臭氧、甲烷、一氧化二氮、氢氟碳化物、全氟碳化物及六氟化硫等。其中的后几种气体引起的温室效应非常强，是二氧化碳的几倍到几十倍，只是它们在大气中的含量非常低，所以引起温室效应的主要气体还是二氧化碳。

伦敦烟雾与 PM2.5

延伸阅读

PM10：空气中有很多浮尘，这些浮尘在空气中长期漂浮，其中有一些直径小于 10 微米的可吸入性颗粒被称作 PM10。

PM2.5：PM10 的飘尘当中，大部分是直径小于 2.5 微米的，这就是 PM2.5。它对人的健康危害更大，因为它更小，更难阻挡，进入人体后，可在肺部长久存在，并且能够进入到血液里面。

1952 年的英国伦敦出现了一场大雾，这成为 20 世纪十大重大环境灾害事件之一。

大家都知道雾是由空气中的水汽凝结成的，寂静的原野在淡淡的薄雾中隐现，整个世界笼罩在朦朦胧胧的雾里，仿佛使人进入了童话的世界。这么美丽的雾，怎么能成为一个美丽恐怖的杀手呢？

自然界中的雾本身是无毒无害的，但是自从人类进行工业革命之后，煤、石油等各种各样的燃料大量燃烧，产生了非常多的粉尘物质，这些粉尘漂浮在空中，就形成了雾霾。1952 年的伦敦大雾就是由污染物形成的。

当时伦敦正在举办一场牛展览会，大雾突然笼罩了整个会场，参加展览的 350 头牛中竟

然有 1 头牛当场死亡，14 头牛奄奄一息，也濒临死亡，另外还有 52 头出现中毒现象。在牛发生了异常症状之后，伦敦市民中也有许多人开始感到呼吸困难、眼睛刺痛，不断有生病的人被送进医院，这些生病的人里不少得的是哮喘、咳嗽等呼吸道疾病。以后的几年里，伦敦又连续发生了 10 多次严重的烟雾致人伤亡事件。

我国在最近几年也经常出现大雾天气。伦敦的烟雾一般在秋冬季节出现，我国的大雾很多时候却出现在春夏之交。最近几年，中国发生了几次覆盖范围很大的雾霾现象，人们越来越多地提起一个词：PM2.5。那么什么是 PM2.5 呢？

空气中的固体污染物颗粒有大有小。PM2.5 指环境空气中空气动力学当量直径小于等于 2.5 微米的颗粒物，也称细颗粒物，属粉尘和飘尘的一部分。当粒径小于 2.5 微米时，大部分可通过呼吸道至肺部沉积，对人体危害很大。PM2.5 颗粒非常小，它均匀分布在空气中，无法把它与其他空气分离开，普通的口罩也不能把它们过滤掉。而且它往往还会附着有重金属、致病菌等有害物质，因此对人体的危害非常大。

怎样治疗地球的哮喘病

　　我们生病的时候,可以去医院看病,可现在地球母亲生病了,却没有可供治疗的医院,地球母亲唯一能够依靠的,还是人类。所以我们要想继续生活在地球上,就要认真地保护母亲,不让她再受到伤害。现在我们就来当一回医生,给我们共同的母亲——地球,诊治一下哮喘病吧。

　　医生给病人看病的时候,首先要通过望、闻、问、切等方法来对病人的病情有个初步的了解,再通过仪器进行进一步确认,最后再根据病人的病情,对症下药,找到治病的方法。现在,我们就先来看看引起地球母亲哮喘病的原因吧。

　　地球得的哮喘病,主要是因为人类的活动产生了大量的污染物,使地球空气及环境恶化,地球母亲不能顺畅呼吸造成的。而且随着人类科技的进步,形成的污染物种类也在不断增加和累积着,现在甚至连南极和北极

的大气也受到了影响。

　　找到地球生病的原因之后，我们就要开始寻找合适的治疗方法了。地球污染物形成的一个最重要的原因是各种燃料燃烧形成的废物、废气对大气的污染。大量排放的污染物，就形成让人生病的病菌。我们开列出的处方有两个，第一个是对这些燃烧后产生的废气、废物进行环保处理，把有害气体和固体污染物做无害化处理后再排放；第二个是加快科学研究，寻找到能够替代这些燃料的新型环保能源，或者用特殊的技术对这些燃料进行加工，使它们变成环保无污染的能源。通过对能源结构的调整，可以有效地控制污染物的排放。

　　除了对这些有害物质进行控制之外，我们还得提高地球母亲的免疫力。这就需要我们植树造林、绿化环境。树叶表面粗糙不平，多绒毛，某些树种的树叶还分泌黏液，能吸附大量飘尘，树木还能吸收各种有毒有害气体，净化空气，是天然的空气过滤器，也是帮助地球母亲抵御疾病的守护神。

这些大气污染事件你知道吗？

1. 1930 年比利时马斯河谷烟雾事件

1930 年 12 月 1 日，比利时出现了反常的大雾，马斯河谷的居民中有几千人出现了呼吸道疾病的症状：流泪、喉咙痛、咳嗽、呼吸困难、胸闷、恶心、呕吐等，短短几天内，有 63 人死亡。

事后，经过人们的仔细调查，认定此次事件的原因是马斯河附近的几家工厂排出的大量硫化物造成的，这些硫化物如二氧化硫和三氧化硫在空气中密度过大，给人们的健康带来非常大的危害。

2. 1943 年洛杉矶光化学烟雾事件

1943 年，洛杉矶爆发了一场严重的光化学烟雾事件，这是出现得最早的新型空气污染事件。

洛杉矶有很多汽车，每天都排放出大量的尾气，里面含有大量的污染物。这些污染物在阳光的照射下，发生化学反应，生成了一种含有剧毒的烟雾，这些烟雾不但在短时间内造成了大量的人员伤亡，就连远离城市100 千米的高山上的大片松林也出现大面积的枯萎，附近的柑橘大量减产。

3. 1948 年的多诺拉烟雾事件

1948 年，美国宾夕法尼亚州的多诺拉镇出现了一场大雾，小镇中6000 多人突然发病。原因是当地有大量的工厂，比如硫酸厂、钢铁厂、炼锌厂等，这些工厂的排放物中含有大量有毒气体和金属微粒，严重地污染了大气。之后的 10 年，这个小镇的死亡率仍比其他相邻的城镇高出很多。《纽约时报》称其为"人类历史上最可怕的污染灾害之一"。

我是大气环保小达人

来测试一下,看你是不是大气环保小达人。

1.我知道大气的结构。

☐是 ☐不是

2.我明白大气污染带来的危害。

☐是 ☐不是

3.能说出三种以上对臭氧层有害的生活物品。

☐是 ☐不是

4.能发现周围生活中的空气污染现象。

☐是 ☐不是

5.我认为绿色出行是毫无意义的。

☐是 ☐不是

6.劝叔叔尽量不要吸烟。

☐是 ☐不是

7.家里的冰箱、空调可以随便用,对环境没有任何影响。

☐是 ☐不是

8.我认为大气污染跟人类没有任何关系。

☐是 ☐不是

9.我有勤俭节约的好习惯。

☐是 ☐不是

10.劝阻身边的人不要浪费。

☐是 ☐不是

题目	是	不是
1	+10分	0分
2	+10分	0分
3	+10分	0分
4	+10分	0分
5	0分	+10分
6	+10分	0分
7	0分	+10分
8	0分	+10分
9	+10分	0分
10	+10分	0分

总分在60分以下的同学:看来你平常对环境的关注和保护程度非常不够哦!需要恶补环保知识。

总分在60~80分的同学:你对环保还是比较在意的,但是,主动性明显不够喔!建议多多主动地了解环保知识,参加环保活动。

总分在90分以上的同学:恭喜你,达到优秀成绩!你是大气环保小达人。

● 注意环保

大气污染是因为人们不注意环保的结果。

我从来没做过破坏环境的事。

是吗？值得表扬。

我长这么大就没踩死过一只老虎！

● PM2.5

你知道 PM2.5 是什么意思吗？

我知道！

空中的浮尘直径小于 2.5 微米。

你仔细看题，我说的是下午两点五分。

● 同呼吸

● 地球病了

第2章
地球血管里的疾病

地球上的水循环系统，就像是人体里的血管，对生命的存活起着非常重要的作用。人体的血管里，如果有了不好的东西，例如病菌、血脂凝块等，人就会生病，严重时还可危及生命。地球也是这样。现在，地球母亲的血管里，已经有了非常多的污染物，地球母亲生病了。

寻找水污染的原因和应对方法

课题目标

　　发挥你的侦探才能,找到造成水污染的元凶,并身体力行地实施你的环保小计划。

　　要完成这个课题,你必须:

　　1.和家长、老师或者好朋友一起合作。

　　2.了解水污染的原因。

　　3.找到水污染的应对办法。

　　4.身体力行,和朋友们一起做环保小卫士。

课题准备

　　可以与你的好朋友一起上网了解相关知识,查询相关数据,查阅水污染的表现和危害。

检查进度

　　在学习本章内容的同时完成这个课题。为了按时完成课题,你可以参考以下步骤来实施你的侦探计划。

　　1.查出水污染的表现和危害。

　　2.了解水污染的原因。

　　3.思考预防、治理水污染的办法。

　　4.实施行动,做一个环保小卫士。

总结

　　本章结束时,可以和你的侦探团成员一起向父母、老师展示你的环保成果。

地球的血液

如果从太空中遥望地球,你会发现地球其实并不是"地球",而是一个"水"球。为什么这么说呢?因为地球表面的绝大部分面积都被水覆盖着,海洋的面积占地球总表面积的70%以上,陆地仅仅约占29%。地球上的水,是地球上生命的摇篮,如果没有水,地球上就不会有生命出现。水不仅在生命的形成阶段非常重要,而且在延续生命方面也起着决定性的作用,如果没有水,动物和植物都不能生存下来。

地球上的水,分布在不同的区域里,形成不同的水体。有浩瀚的海洋,有奔流不息的江河,有飞流直下三千尺的瀑布,有一平如镜的湖泊,还有晶莹剔透的冰川。在太阳辐射和地球引力的作用下,各水体之间的水在不

地球大哥,
你漏水了!

断地循环着，从而也改变着地球上的热力、物质分布。

在太阳的照射下，海洋表面的水蒸发到大气中形成水汽，通过大气环流的作用，一部分进入陆地上空，变成雨雪等降落到地面上，形成降水。降落到地面的水，转化为地下水、土壤水和河流，地下水和河流里的水最终又回到大海，形成淡水循环，这部分水是人类社会所利用的具有经济价值的水资源。地球上各种水体通过蒸发（包括植物蒸腾）、水汽输送、降水、下渗、地表径流和地下水径流等一系列过程和环节，把大气圈、水圈、岩石圈和生物圈有机地联系起来，构成一个庞大的水循环系统。水循环系统就像是人体的血管，里面循环的水就像是人体的血液。

地球的水循环有非常重要的作用，它调节了地球各圈层之间的能量，对气候冷暖变化起到了重要的作用。

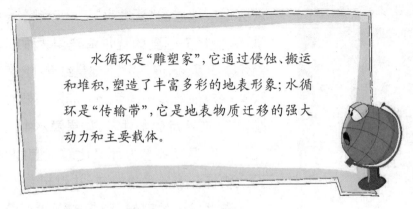

水循环是"雕塑家"，它通过侵蚀、搬运和堆积，塑造了丰富多彩的地表形象；水循环是"传输带"，它是地表物质迁移的强大动力和主要载体。

地球的贵族病——赤潮

延伸阅读

科学家对赤潮的研究结果表明:海洋浮游藻是引发赤潮的主要生物。所有的海洋浮游藻类中,约有260多种能够形成赤潮,其中有70多种能产生毒素,这些毒素有的可以直接导致海洋生物大量死亡,有些甚至可以通过食物链传递,最终造成人类中毒。

最近这些年,人们经常会听到一些所谓的"贵族病",比如高血脂、高血压等,这些病症都是由于人们的生活水平提高,过多的营养元素在人体内累积,造成很多人患上了心血管疾病。地球上的水体也是这样。

当地球上的水里的营养物质过剩的时候,就会形成地球的"富贵病"——赤潮。一说起赤潮,人们最先想到的就是海洋里大面积的红色海水。事实上,赤潮并不都是红色的,有时也呈现黄、绿、褐色等不同颜色。赤潮,被喻为"红色幽灵"。在特定的条件下,如果海水中的营养过剩,同时温度等各方面又比较适宜的时候,浮游生物就会骤然大量繁殖,并引起海水变色。

赤潮发生的时候,引起赤潮的浮游生物大

量繁殖,聚集在鱼类的腮部,干扰鱼类的呼吸,使鱼类窒息死亡。浮游生物死亡之后,在分解过程中大量消耗水中的氧气,也会导致鱼类和其他海洋生物因缺氧而死亡。有些赤潮藻类会分泌有毒物质,严重污染海洋环境,使海洋正常的生态系统遭到严重破坏;有些形成赤潮的生物本身是有毒的,鱼类吞食的时候会被毒死。

目前,世界上已经有 30 多个国家和地区不同程度地受到过赤潮的危害,其中最严重的是日本。由于海洋污染的问题日益加剧,我国沿海的赤潮发生也非常频繁,仅 2000 年我国海域共记录到赤潮 28 起,比 1999 年增加了 13 起,累计受害面积 1 万多平方千米。赤潮的灾害情况由开始的分散海域,发展到现在的成片海域,一些重要的养殖基地受害尤重。

地球血脉里的毒素
——废水

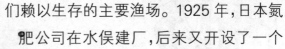

延伸阅读

越来越多的癌症村

癌症是一种对人类危害非常巨大的疾病。由于环境的恶化，水资源的严重污染，很多地方的居民得了癌症。在一些农村，由于环境恶化特别严重，村子里的癌症发病率直线上升，人们把这样的村子称为癌症村。据统计，有名可查的癌症村已经有197个。

当我们被毒蛇咬伤的时候，要么是头晕脑涨，要么是伤口非常疼痛，大多数时候甚至会危及生命。原来，毒蛇咬我们的同时，会把毒素注入到我们的身体内。现在，人类正在向地球母亲的血管内注射着毒素，这就是各种废水。

废水包括居民生活产生的生活污水和工业生产过程中排放的工业废水等。对环境破坏比较大的是工业废水，废水是世界三大公害之一。

日本熊本县水俣镇，有4万多人居住，周围的村庄里还居住着1万多农民和渔民。附近的海域是一个海产丰富的地方，是当地渔民们赖以生存的主要渔场。1925年，日本氮肥公司在水俣建厂，后来又开设了一个

合成醋酸的工厂。1949年以后，开始生产氯乙烯，1956年产量超过了6000吨。在生产的过程中，产生的工业废水没有经过任何处理就直接排放到了附近的海里。

1956年开始，人们发现水俣湾的猫得了一种奇怪的病，被称为"猫舞蹈症"。得病的猫步态不稳，抽搐、麻痹，纷纷跳到海里死去，被称为"自杀猫"。过了不久，人也开始患上这种病症。轻者口齿不清、步履蹒跚、面部痴呆、手足麻痹、感觉障碍、视觉丧失、震颤、手足变形，重者神经失常，或酣睡，或兴奋，身体弯弓高叫，直至死亡。这种怪病就是引起全世界轰动的"水俣病"。

造成水俣病的罪魁祸首，就是氮肥公司排放到海里的工业废水。原来这种废水里有一种叫作汞的重金属元素，也就是我们平常说的水银。汞是通过体表(皮肤和鳃)的渗透或摄入含汞的食物进入鱼类体内的，因此，吃了这种鱼的人就会因毒素累积过多而得上水俣病。

工业废水会对动物和人类产生影响，危害人类的健康，它们渗透到土壤中，影响植物和土壤中微生物的生长。20世纪的八大环境公害事件中，有两件是由工业废水引起的。

治疗地球母亲的血管疾病

　　对地球母亲血管产生毒害的主要是来自工农业的废水，特别是工业废水，里面含有大量的有害物质，比如：酸、碱、氧化剂以及铜、镉、汞、砷等化合物，另外还有苯、酚、二氯乙烷、乙二醇等有机毒物。这些污染物会毒死水生生物，影响饮用水水质和风景区景观。污水中的有机物被微生物分解时消耗水中的溶解氧，影响鱼类等水生物种的生存环境，水中溶解氧耗尽后，有机物进行厌氧分解，产生硫化氢、硫醇等难闻气体，使水质进一步恶化。

　　1994 年 7 月，淮河上游突然下起了暴雨，河水水位暴涨，水库开始开闸泄洪，将积蓄于上游一个冬春的 2 亿立方米水放下来。但是这一年的洪水跟往年的却不一样，洪水带着厚厚的泡沫,所过之处河水泛浊,鱼虾毙命。一些人饮用了经过处理的水,仍然出现了恶心、腹泻、呕吐等症状。环保部门经过取样检测,发现水质严重污染,不能再饮用,沿河各自来水厂被迫停止供水达 54 天之久,百万淮河民众饮水成了问题。之后,政府花费了很大精力进行治理,10 年间一共投入了 600 亿人民币,水质渐渐地恢复到了 10 年前的水平。但是最近这几年淮河的水质却又出现了反复。

针对如此严峻的现状,我们该如何保护珍贵的水资源呢?首先要加大环境保护力度,工业废水不经过环保处理不能排放。第二是研究新型的废水处理技术,使废水能够重新利用。第三是要让所有人树立环保意识,改善环境不仅要对其进行治理,更重要的是通过各方面的宣传来增强居民的环保意识。居民的环保意识增强了,破坏环境的行为自然就减少了。

知识的复习与拓展

水既是生物体的重要组成部分,也是维持生命活动的基本物质。虽然地球表面有大量的水存在,但还是有限的,而且随着工农业的发展,水资源还遭到了严重的破坏。学习了这一章,大家能够回答下面的问题吗?

1.地球上的水对人类和其他生命有什么重要作用?

2.在这一章里,我们介绍了几种地球母亲的血管病?

3.为了使地球母亲不再忍受血管疾病的折磨,我们应该怎样从自身做起,做一个环保小达人呢?

养虾也会污染环境吗?

虾是一种重要的水产品,营养价值很高,是人类经常食用的一种食材。现在,全世界每年产的虾里面,约有1/4是人工养殖的。

很多地方的养虾场,都是通过排干红树林沼泽,在里面开挖浅浅的沟槽,之后再把四周圈起来形成池塘。虾农把这些池塘灌满海水,再放入虾苗,经过几个月的生长,虾就长大了。为了保证虾的成活率,在虾的生长期间,虾农们会向池塘里加入化肥、激素药物、杀虫剂等。到了收获季节,虾农们把池塘中的水排到海洋中,收获成熟的大虾。这些含有药物的海水就会造成一定程度的污染。

另外,根据权威部门的统计,全世界1/4的红树林都是因为养虾被砍伐的,这也使得海岸线上的生态环境遭受了严重的破坏。

谁动了我的生活用水

调查一下你身边的生活用水以及围绕这些用水的附加产品。

活动步骤1：

调查一下你家的饮用水的源头在哪里？看看源头附近的环境如何，是否遭受到污染的威胁？

活动步骤二：

观察你家里的生活用水是否存在浪费的问题，比如淘米的水本来可以继续用来刷碗，却被随意地倒掉；刷碗用的水可以用来浇花、冲厕所，也被无端地倒掉。

活动步骤三：

看看你家清洗衣物的用水量是多少？再看看清洗衣物用的洗衣粉的化学成分，哪些含有磷元素，哪些元素溶于水中会对水质造成破坏？把它们都记录下来。

活动步骤四：

经过这一系列的调查，相信你应该对水资源的认识与利用有了一个全新的认识，那么不妨把你看到、听到的关于生活用水的种种事情记录下来，写成一篇读后感，和同学们一起交流，让大家一起了解水资源，树立保护环境的理念！

● 长得可乐

天太热了，我渴了，要喝水！

忍一忍吧，快到家了。

不行，我现在就要喝可乐！

你长的本来就很可乐啊！

● 喝牛奶

再不保护水资源，以后会没水喝的！

没水喝也无所谓，反正也不好喝！

告诉你，到时候我们可以……

喝牛奶啊！

● 脱水

看你好像很累的样子。

我刚运动过，有些脱水。

厉害！

请告诉我把水穿在身上的方法！

● 丢垃圾的人

我刚看见一个家伙往水里倒垃圾！

我们赶快阻止他！

我不敢啊！

因为那个丢垃圾的人是我爸！

第3章
地球母亲长了脓疮
——废渣

经常读书的人,特别是喜欢读古代书籍的人,会经常看见两个词——疮和痈。这两种疾病现在已经比较少见了,即使有,现代医学也很容易治愈,但是在古代,这两种病却是致命的。现在,地球母亲的身上也长了很多这种脓疮,这就是在地球上混乱堆放的各种废渣。

寻找治疗地球脓疮的办法

课题目标

发挥你的聪明才智,找到致使地球生脓疮病的原因,并思考治疗和预防的方案。

要完成这个课题,你必须:

1.和好朋友一起合作。

2.弄清废渣污染有哪些危害。

3.提出解决废渣污染的合理化建议。

4.身体力行,和朋友们一起做环保小卫士。

课题准备

你可以通过书籍、电视、广播等渠道,了解废渣污染的危害,查阅影响比较大的废渣污染事件。

检查进度

在学习本章内容的同时完成这个课题。为了按时完成课题,你可以参考以下步骤来实施你的侦探计划。

1.查出废渣污染的危害。

2.了解废渣污染是怎么产生的?

3.思考预防、治理废渣污染的方法。

4.实施行动,做一个环保小卫士。

总结

本章结束时,向父母、老师展示你的环保成果,向周围的人讲解环保理念。

废渣就像毒瘤和脓疮

　　大家知道什么是病毒吗？病毒是一种非常微小的微生物，连光学显微镜都看不到它，人类的眼睛就更看不到了。病毒虽然非常小，但是破坏力却非常大，它们进入到人或者动植物的细胞内，利用人体或者动植物体内的物质，合成其他病毒颗粒，然后再破坏它侵染的细胞。病毒还会产生很多毒素，破坏它生长的环境。

　　有的科学家把人类比喻成大自然的病毒，人类利用大自然的各种资源，但不注意保护环境，这种行为和病毒非常像。人类工农业生产产生的各种废渣，就像是毒素一样，使我们的地球生病了。

　　工业废渣中的固体废弃物长期堆存，不仅占用大量的土地，而且会毁坏大片的农田和森林。废渣经过雨雪淋溶，有害成分随着降水从地表向下渗透，向土壤迁移转化，富集有害物质，使堆场附近的土质酸化、碱化、硬化，甚至发生重金属型污染。例如，一般在有色金属冶炼

这些全是废渣？

厂附近的土壤里，铅含量为正常土壤中含量的 10~40 倍，铜含量为 5~200 倍，锌含量为 5~50 倍。这些有毒物质一方面通过土壤进入水体，另一方面在土壤中发生积累而被作物吸收，毒害农作物。

废渣受热，一些有害气体就会分解出来，释放到空气中，造成空气污染。例如城市垃圾长期堆放，有机物分解，产生有害气体，造成空气污染；煤矿附近堆积如山的煤矸石，长时间堆积会发生自燃，产生大量的二氧化硫，形成酸雨。

一堆堆的废渣堆积着，对周围的环境不断地产生着各种各样的污染，这种现象，就像是长在地球母亲身上的毒瘤和脓疮。

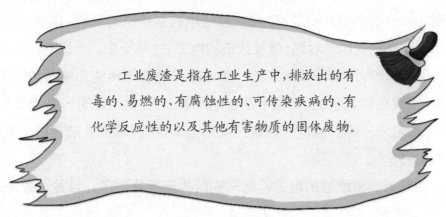

工业废渣是指在工业生产中，排放出的有毒的、易燃的、有腐蚀性的、可传染疾病的、有化学反应性的以及其他有害物质的固体废物。

珠江上的铬污染事件

　　2011 年 6 月，云南曲靖的群众反映，他们放养的一些山羊莫名其妙地死亡了，当地的环保局进行了细致的调查，发现这些死亡的山羊都喝过一些剧毒工业废料铬渣附近的积水。

　　专家们来到当地进行调查，发现当地有很多胡乱堆积的铬渣。这是陆良化工实业有限公司的铬渣，被运输司机偷偷地倾倒在附近的山路上，一共有 140 车铬渣，计 5222.38 吨。铬渣中的六价铬有剧毒，非常容易溶于雨水。专家们在当地看到，堆放废渣的地方，寸草不生。一位随行记者说："我们在当地村干部带领下走上一条山路，发现路两边土壤颜色很诡异，有白色、黄色和紫色的，明显不是当地土壤颜色，地上还有一些小颗粒，非常小，像石子一样。当地村民说这就是铬渣，用肉眼很难把它们与普通石子区分开。"

　　在靠近废渣堆放的地方，有一些松树已经死亡了，堆放过废渣的地方，满目疮痍，土壤受到了严重污染。

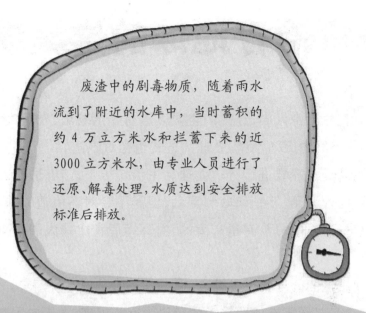

废渣中的剧毒物质，随着雨水流到了附近的水库中，当时蓄积的约 4 万立方米水和拦蓄下来的近 3000 立方米水，由专业人员进行了还原、解毒处理，水质达到安全排放标准后排放。

为了治理这些废渣污染，人们把这些废渣全部挖走，而且连同废渣下面半米多的土都挖掉了，但即使是这样，还是留下了一些白的、黄的、紫的诡异色彩。

被污染的土壤，多年都不能种植任何作物，这些重金属通过植物的根系进入到植物体内，会对进食这些植物的动物或者人产生毒害作用。这次重金属污染事件，只是我国近些年来发生的多起环境污染事件中的一起，它对我国的环境和人民群众的生活造成了非常大的影响。

怎样治疗地球的这类疾病

人类在生产生活中,产生的主要废渣有生活垃圾、农业废渣和工业废渣,对这些不同的废渣类型,处理的方式也相对不同。

生活垃圾一般要进行分类处理。生活垃圾中,能够进行二次利用的,应该进行回收利用;不能回收利用的,但是不会对环境造成非常大的污染的,应该进行掩埋处理;有毒有害的、对环境危害比较大的,应该进行特殊处理。

农业废渣的处理如果是恰当的,一般不会造成环境污染。但如果处理不得当,也会对环境造成比较大的污染。近些年来,由于农民焚烧秸秆,就对空气造成了严重的污染。

工业废渣是三种废渣中对环境影响最大的,人们在这方面花费的精力也最多。要想合理地处理工业废渣,首先要对它们进行分类整理。

工业废渣可以分为以下几类:

1.有毒废渣。这些废物具有很强的毒性,对环境会造成很强的破坏作用,它们会污染空气、水体、土壤等。

2.易燃废渣。这类工业废渣是由一些易燃物组成的,如果处理不得当,很可能会引起火灾,造成不必要的损失。

3.有腐蚀性的废渣。这些废渣里面含有很多具有腐蚀性的成分。

4.有化学反应性的废渣。这些废渣含有与环境或者水起反应的化学成分,是一类需要特别注意的废渣。

根据工业废渣成分的不同,对它们进行合理的处置,使它们对环境的影响达到最小。

1.对于那些没有毒害成分但是体积比较大,在野外堆积会大量占用土地的废渣,可以考虑进行二次利用。比如把一些废渣加工成建筑材料,制成水泥,加工成砖头或者其他建筑材料等。

2.对于那些经过焚烧可以去掉毒性的废渣,一般会进行焚烧处理。例如:部分有机物经过焚烧,可以转化为二氧化碳、水和灰分,可以有效降低对环境的污染。

3.对有些特别难以处理的,可以用填埋的方法进行处理。但是填埋的时候要注意场地的选择,保证不会发生滤沥、渗漏等,要用沥青、塑料等进行包裹,防止污染地下水;尽可能地防止污染空气和土壤,选择远离人类居住的地方。

4.利用化学处理的方式,可以使一些废渣的有害成分除去。通常采用的方法有酸碱中和法、氧化还原法、化学沉淀以及固体吸附固定等方法。

5.一部分废渣可以利用生物技术进行处理。比如对有机物可以进行生物降解,除去其对环境的污染毒性。

知识的复习与拓展

　　本章到此为止告一段落,大家通过阅读一定了解了关于地球上的"脓疮"——废渣的知识,了解了由于人类的贪婪和懒惰使这些废渣得以肆意地危害自然环境的现状。我们一定要提高警惕,时刻注意自己不要人为制造废渣。

　　下面请回答三个问题,看看你是不是环保小达人。

　　1.有毒废渣会对自然环境以及人类产生什么样的危害?

　　2.当废渣受热后会有什么样的反应?

　　3.为什么被重金属污染的土壤很难再种植被?

造纸废渣的隐患

　　中国造纸业近年采用以进口废纸为原料生产纸品,但废纸造纸产生的废渣却大量在造纸企业周边填埋、焚烧或堆积在农村周围的田间地头,成为污染地表、地下水资源和农田的杀手,废渣中所含的重金属和酸、碱物质造成的地下水污染,成为人体致癌的因素。

　　印刷油中常使用乙醇、丁醇、丙醇、甲苯、二甲苯等危害环境的有机溶剂。废纸造纸产生的废塑料盒油墨渣中,残留部分会对人体造成危害。此外,油墨残渣中含有大量的铅、铬、镉、汞等重金属物质。以铅为例,铅是人体唯一不需要的微量元素。当人体内的铅积累到一定程度,就会出现精神障碍、失眠、头痛等慢性中毒症状。铅还可通过血液进入脑组织,造成脑损伤,铅毒对儿童智力有较大影响。印刷时使用的大量含苯稀释剂,刺激性气味较大,长期吸入会影响中枢神经,对人体健康造成极大的危害。

　　这些造纸废渣已经对环境造成了严重的污染,而且是不可挽回的。希望这种局面尽快改变。

寻找废渣之旅

发挥你的调查能力，到你所居住小区的附近实地寻找一下废渣存在的场所，抓住这些危害环境的凶手。

活动所需工具：

白纸一张、画笔若干、放大镜一个、袋子一个。

活动步骤1：

凭着自己的记忆，将自己居住小区周边的环境用白纸绘制成一幅地图，不清楚的地方可以询问父母。

活动步骤2：

搜查你所画地图在现实中的实际地点，然后用放大镜仔细观察各个角落，看看有没有出现本章知识中所介绍的废渣。如果有，请取一些样本放在袋子中，并在地图上用不同颜色的画笔标出废渣所在的位置；如果没有发现，则更换至下一个地点。

活动步骤3：

将地图上所有可能出现残渣的地点一一检查后，回到家中，将地图摊开，看看有多少地方被废渣所污染，这些污染的面积占整张地图的百分之多少。并写下你这次寻找废渣之旅的经历和感受。

活动步骤4：

有条件的同学可以将收集来的废渣交给化学专家，让他们指出这些废渣的类型并讲解废渣对人类造成的危害。

● 废渣收集

咱们家门外怎么那么多垃圾？

那是我为了保护环境收集的废渣！

那也收集得太多了吧，快送到垃圾站吧。

好，等我先把屋里的废渣送去再说！

● 打水漂

我看到你乱丢废渣了！

我没有，我是在往河里扔石头！

打水漂玩！

扔石头干嘛？

真没意思，你怎么不拿废渣打水漂呢？

● 有事要办

● 讲课噪音

第4章
地球的皮肤病
——疥癣

地球跟人一样，也有美丽的肌肤：草原、森林、沼泽、湖泊。但是有一天，地球莫名其妙地生病了，原本一望无垠的大草原，都变得东一片黄，西一片黄，就像是人身上的疥癣。这些刺目的黄色就是荒漠化的结果。

寻找形成荒漠化的元凶

课题目标

发挥你的侦探才能,找到造成土地荒漠化的元凶,并身体力行地实施你的环保小计划。

要完成这个课题,你必须:

1.和家长、老师或者好朋友一起合作。

2.需要了解土地荒漠化的严峻形势。

3.提出保护土地、预防土地荒漠化的合理建议。

4.身体力行,和朋友们一起做环保小卫士。

课题准备

了解相关知识,追踪元凶踪迹。提前了解土地对人类的重要作用,了解土地荒漠化的危害。

检查进度

在学习本章内容的同时完成这个课题。为了按时完成课题,你可以参考以下步骤来实施你的计划。

1.查出土地荒漠化的危害。

2.查出土地荒漠化的元凶。

3.试着制定预防土地荒漠化的措施。

4.实施行动,做一个环保小卫士。

总结

本章结束时,可以和你的侦探团成员一起向父母、老师展示你的环保成果。

地球的肌肤与毛发

人的身体表面有很多细小的毛孔和汗毛,它们虽然看起来很不起眼,但却对人具有非常重要的作用:细小的毛孔能够分泌汗液和一些油脂,调节体温和预防细菌入侵,汗毛同样能够阻断一部分细菌和灰尘,保护人的肌肤。

地球也有自己的肌肤和毛发,它们就是地球上各种各样的植被,包括森林和草原。在地球的毛发里,主体是森林。森林作为地球上可再生的自然资源及陆地生态系统的主体,在人类生存和发展的历史中起着不可替代的作用。森林可以大量地吸收二氧化碳、释放出人和其他生物所需要的

氧气，就像是一个天然的氧气制造机。它能够很好地过滤粉尘，还是天然的蓄水库和空调。

草原能够为人类提供必要的资源，比如在草原上生活的大量的动物，跟植物一起为人类提供了大量的植物性和动物性原材料，如食物、燃料、药材、纤维、皮毛和其他工业原料等。草原还在维持生物物种与遗传多样性方面起着重要作用。

大家有没有这样的体验：如果一天不洗脸，就会感觉到皮肤干得难受。每天早上我们起床的第一件事就是洗脸，因为我们的皮肤需要水分。同样，地球上的湿地生态系统也为地球提供了必要而充足的水分。

湿地是指介于水、陆生态系统之间的一类生态单元，其中既有水生的生物种类，也有陆生的生物种类，具有较高的生态多样性。湿地生态系统对地球具有非常重要的作用，被誉为"地球之肾"。

> 草场是地球上另外一个相当重要的生态系统，它占据了地球上森林与荒漠、冰原之间广阔的中间地带，覆盖了不能生长森林或不宜垦植为农田的恶劣环境，在防止土地的风蚀沙化、水土流失、盐渍化和旱化等方面具有非常重要的作用。

延伸阅读

荒漠化包括渍化、草场退化、水土流失、土壤沙化、植被荒漠化、历史时期沙丘前移入侵等,是以某一环境因素为标志的具体的自然环境退化的总过程。

地球得了疥癣
——荒漠化

美丽的草原,蓝蓝的天空,这是一幅多美的画面啊!但是有一天,草原生病了,身上长出一大块一大块的疥癣,东一片黄西一片黄的,原来是荒漠化的原因。狭义的荒漠化是指在脆弱的生态系统下,由于人为过度的经济活动,破坏了它的平衡,使原非沙漠的地区出现了类似沙漠景观的环境变化过程。广义的荒漠化指由于人为和自然因素的综合作用,使得干旱、半干旱甚至半湿润地区自然环境退化。

根据卫星拍摄的图片,我们发现:内蒙古地区的毛乌素沙漠在 40 年的时间里,林地和草地面积分别减少了 76.4% 和 17%,与此同时,

流沙面积却增加了 47%；浑善达克沙地在不到 10 年的时间内就使 28.6% 的草地变为荒漠；阿拉善地区的草场大面积退化形成荒漠，成片的梭梭林消失；新疆塔里木河的胡杨林和红柳林消亡等，这些现象都是大自然向我们敲响的警钟。

这么严重的荒漠化是怎么形成的呢？除了自然的因素之外，人为的破坏是其中最重要的原因。

亚马孙热带雨林，是地球上最大最重要的原始森林，但是这里现在还存在着一些非常落后的农耕方式，我们来看看这种方式对环境的破坏有多大。当地的一些人会在森林里转悠，等找到一块平坦的地方的时候，就点一把火，把这块地上的树木全部烧掉，然后在这块地上种植庄稼。过了几年，土壤里的肥力下降，变得非常贫瘠，庄稼不能再种了，这些人就会重新再找一块地方，烧火开荒，原来的那块地方就变成了荒漠。年复一年，被撂荒的土地越来越多，原始森林也因此变得面目全非。

荒漠化会使草原退化为沙漠，森林、沼泽都会因荒漠化而退化，地面裸露，一旦刮风，黄沙漫天。我国土地荒漠化十分严重。

荒漠化的后果——沙尘暴

电影里的沙尘暴一般出现在沙漠地区,看见沙尘暴要来的时候,人们只能趴在地上,捂住口鼻,一动也不能动,漫天的黄沙裹挟在大风里,铺天盖地而来,非常恐怖,一不小心,连人也能被吹跑。

现实中的沙尘暴比电影里的更恐怖,电影里的沙尘暴仅仅是出现在沙漠里,而现实的沙尘暴却会出现在城市里。

1993年5月4日,中国西北发生了一次历史上罕见的特大沙尘暴天气。最大风力出现在金昌市,风力达到惊人的12级。强风裹挟着滚滚黄沙,就像是一堵沙墙,向着金昌市压过来。空中尘土沙石弥漫,惊雷轰动,漆黑一片,伸手不见五指。风沙形成的沙尘暴高达300~400米,底部呈黑色,中上部红黄相间,自西向东来势汹汹,千米之外都能听到沉闷的轰鸣声。

在这次沙尘暴的袭击中,死亡 85 人,失踪 31 人,受伤 264 人;刮倒房屋 4412 间;农田里的庄稼被连根拔起;牲畜死亡和丢失 12 万头;多处公路、铁路因风蚀沙埋运输中断,其中吉兰泰专用铁路中断 4 天,兰新铁路中断 31 小时,造成 37 列火车停运或晚点,直接经济损失 5.4 亿元。

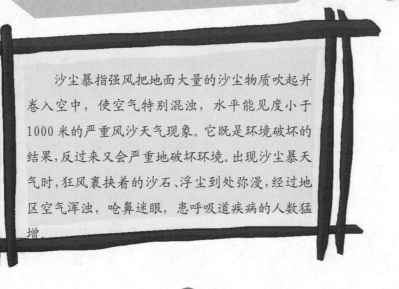

沙尘暴指强风把地面大量的沙尘物质吹起并卷入空中,使空气特别混浊,水平能见度小于 1000 米的严重风沙天气现象。它既是环境破坏的结果,反过来又会严重地破坏环境。出现沙尘暴天气时,狂风裹挟着的沙石、浮尘到处弥漫,经过地区空气浑浊,呛鼻迷眼,患呼吸道疾病的人数猛增。

另外一种皮肤病——盐碱地

大多数人都听说过一个人的名字——焦裕禄。他在 1962 年被调到河南省兰考县任县委书记,为了跟风沙、盐碱做斗争,最终献出了自己的生命。

那么,什么是盐碱地,它有哪些危害呢? 治理起来困难吗?

盐碱地的科学定义是指那些由于土壤里的盐分成分过高,使大部分的农作物都不能生长的土地。盐碱地按含碱化程度可以分为轻度盐碱地、中度盐碱地和重废盐碱地,轻度的盐碱地严重影响作物的生长和产量,而重度盐碱地几乎任何植物都不能生长。

盐碱地的形成,大部分是自然因素,跟气候条件、地理条件、土壤质地和地下水、河流和海水的影响等有很大的关系。但是近些年来,由于人为的不合理开发,也使盐碱地的危害扩大加深。

由于耕种方法的不当,使一些本来良好的土地有了盐碱化的倾向,这叫作次生盐碱化。传统的农业灌溉方式,往往采用大水漫灌的方式,这会使地下水位上升而积盐,使原来良好的土地盐碱化。在沿海地区,如果过量地抽取

地下水,当地下水的水位低于海平面的时候,就会形成海水倒灌,使土地严重盐碱化。

次生盐碱化一旦发生,治理起来非常困难。现在的处理方法一般有以下几种:

1.在盐碱地上种植适应盐碱地生长的树种,比如:沙枣、白榆、白柳、白蜡、胡杨、怪柳、枸杞、梭梭、臭椿等。这些树木可以改善土壤环境,同时又能为农民增加收入,是一种很好的治理盐碱的方式。

2.对有条件的土地,可以通过适当的方式进行改善,比如洗盐、平整土地、适时耙地、增加有机肥等措施,改良盐碱地。

盐碱地是一种不容易治理的特殊土地,减少盐碱地危害的最主要途径是合理地利用土地,利用水资源,减少次生盐碱地的生成。

地球皮肤病的原因

地球母亲患上皮肤病,有自然和人为两种原因。自然原因主要是跟气候和地理因素有关,这些是人类所不能改变的,比如撒哈拉大沙漠的形成,就是由于它所处的地理环境和气候条件决定的——由于这里干旱少雨,降水量特别少,大多数植物都不能生长,自然地就形成了沙漠。地球上还有其他类似的荒漠和戈壁,虽然这些地方的动植物数量都不丰富,但是也形成了其独特的生态平衡体系。

另外,人为因素也是造成现在荒漠化问题越来越突出、越来越严重的重要原因,荒漠化已经成为了一个世界性的难题。其中人类又起到了哪些作用呢? 由于人口激增,给环境带来了很大的压力,比如过度放牧、过度开垦、水资源的不合理利用等,使很多原本是良田的地

方，变成了荒漠。

中国是世界上荒漠化问题比较严重的国家之一。根据有关部门的统计，现在我国荒漠化土地面积至少有 262.2 万平方千米，占国土面积的 27.4%，将近 4 亿的人口受到影响，造成的经济损失有几十亿元。

除了荒漠化，土地盐碱化、草场退化、湿地萎缩、森林沙化等也都是地球得皮肤病的表现，而这些皮肤病，绝大部分是由于人类活动造成的。

湿地被誉为"地球之肾"，它占了地球 6% 的面积，但却为地球上 20% 的物种提供了生存环境，它在维持生态平衡、保持生物多样性、保护珍稀动植物资源、涵养水源、蓄洪防旱、降解污染、调节气候、控制突然侵蚀等方面都起到很重要的作用。但是这些年来，人们为了得到土地，开始围湖造田、排干沼泽进行耕种；为了发展经济，盲目在湿地发展旅游业。除此之外，河流改道，环境污染，土壤破坏等都对湿地造成了很大的破坏，地球正在因为我们人类的无知和贪婪而遭受着疾病的折磨。

治疗地球的皮肤病

要治疗地球的皮肤病,我们先来罗列一下地球得皮肤病的类型:最严重的是土地荒漠化,接着是湿地萎缩、森林沙化。

土地荒漠化的治理

土地荒漠化的防治应坚持维护生态平衡与提高经济效益相结合,治山、治水、治碱(盐碱)、治沙相结合的原则,在现有经济、技术条件下,以防为主,保护并有计划地恢复荒漠植被,重点治理已遭沙丘入侵、风沙危害严重的地段,因地制宜地进行综合治理。

1. 合理利用水资源。

2. 利用生物措施和工程措施构筑防护体系。

3. 调节农、林、牧用地之间的关系,退耕还林。

4. 采取新能源,如风能、太阳能等多途径解决农牧区的能源问题。

5. 严禁乱砍滥伐,保护现有植被。

6. 严格控制环境的人口容量,退耕与"退人"结合起来。

湿地萎缩化的治理

湿地萎缩化的治理重点在于有效防止破坏湿地的行为。湿地具有调蓄水量、调节气候、灌溉给水、水产养殖、旅游观光、保护物种等功能,其生态价值居各类生态系统之首。所以,保护湿地具有重要的意义。

1.保护湿地植被,严禁乱垦乱伐。

2. 禁止滥捕滥猎。

3. 合理使用水资源,禁止过度引水灌溉。

4. 保证湿地水体良好,无污染,无营养化。

5. 维护湿地生态功能与效益,建立湿地保护区。

总之,有效治理地球的皮肤病,首先就是约束人类自身的行为,保护绿色植被,保护水资源。

知识的复习与总结

本章介绍了造成地球皮肤干燥的种种原因，相信你一定对地球上越来越严重的荒漠化以及湿地的急剧萎缩有了比较深入的了解。下面请依据本章知识回答所提出的问题，请努力找出答案吧。

1.湿地生态系统对地球具有非常重要的作用,被誉为什么?

2.在荒漠化的问题中,人类起到了什么样的作用呢?

3.盐碱地的形成有哪些人为原因?

最大湿地45年后将消失?

在前一篇延伸阅读中，我们介绍了世界上最大的湿地——潘塔纳尔保护区。目前这片珍贵的自然遗产正遭到十分惊人的破坏,根据卫星图像资料显示,潘塔纳尔沼泽地的面积现在正以平均每年2.3%的速度在减少。如果不采取措施，这块世界上最大的湿地45年后将在地球上永远消失。保护该地区的生态环境已经变得刻不容缓。

造成保护区被破坏的原因有两个，一是当地政府允许人们在高原地带大量开垦土地;二是人们在那里大量发展畜牧业,造成大量植物被毁。

巴西政府已经意识到这一事件的严重性，并采取了一系列相应的措施遏制该地区日益严重的毁林造田事件。当地政府还通过发展生态旅游促进当地的经济发展,这种方法不仅可以减少和杜绝对沼泽地的毁坏,同时也可以为该地区在保护自然资源和生态环境方面积累资金。

旱地与沼泽

请跟随我一起来做这个区分旱地与沼泽的实验!

实验所需工具:

海绵两块、大盘子一个、纸杯两只。

实验步骤:

1. 将厨房里刷碗用的海绵浸入水里,直到海绵被整个浸湿为止,再把海绵中的水全部挤出来,使它一直处于潮湿的状态。

2. 将这块海绵与另一块没有浸湿且保持干燥的海绵一起放在盘子里。

3. 在两个相同的纸杯中分别盛入半杯水。

4. 用双手各拿一个盛水的纸杯,保持纸杯离盘子一定的距离,然后同时向两块海绵倒水。

实验完成之后,请跟我一起思考:

哪一块海绵吸水较快? 怎么把你的观察结果与现实中的沼泽地和旱地发生的情况联系起来?

● 原来如此

听说湿地里有很多我们没见过的珍稀动物。

我全都见过啊。

你难道去过？

不,我在电视上全都看到过！

● 沼泽的呼吸

沼泽又被称为"地球的肺"。

老师,我有问题。

我听听。

我去过沼泽,并没见它呼吸啊！

●购物风暴

昨天的沙尘暴真是厉害！

对我来说沙尘暴不过是小儿科。

为什么？

因为我刚从半价促销的超市现场挤出来！

●盐碱地

今天我们来学习盐碱地的知识。

我喜欢盐碱地。

盐碱地可不是好东西啊。

正好家里炒菜缺盐呢！

第5章
地球得了耳鸣

　　人类的耳朵是用来听声音的，生活中有各种各样美妙的声音，比如大自然的鸟语虫鸣,歌唱家美妙动听的歌声,等等。但是如果让我们长时间待在机器轰鸣的工厂,或者是嘈杂的马路上,我们就会感到很不舒服,有的时候还会产生耳鸣的现象。很不幸,地球母亲现在也患上了耳鸣。

了解噪音污染

课题目标

发挥你的聪明才智,了解噪音污染的相关知识,并身体力行实施你的环保小计划。

要完成这个课题,你必须:

1. 和家长、老师或者好朋友一起合作。
2. 需要了解噪音污染的相关知识。
3. 弄清噪音污染的危害。

课题准备

可以与你的好朋友一起上网了解噪音污染的相关知识以及危害,在你生活的小区里寻找噪音污染的来源。

检查进度

在学习本章内容的同时完成这个课题。为了按时完成课题,你可以参考以下步骤来实施你的侦探计划。

1. 了解声音的特性,弄明白什么是噪音。
2. 了解噪音都有哪些危害。
3. 想出减少噪音的措施。
4. 实施行动,向周围的人宣传有关噪音的知识。

总结

本章结束时,可以和你的好朋友一起向父母、老师展示你的环保成果。

地球睡不着

延伸阅读

声音的知识

响度:人主观上感受声音的大小,俗称音量。

音调:声音的高低,是由声波的频率决定的。

音色:又称音品,是由声波的波形决定的,比如方波、锯齿波、正弦波、脉冲波等。

你听说了吗?地球母亲前几天去医院看病了,因为她现在每天24小时都得不到休息。她说一直感觉耳朵里有各种各样嘈杂的声音在响。医生细心地为地球检测了耳朵之后发现,地球现在处在严重的噪音污染之中。

噪声就是没有规则的声音。声音是由物体的振动产生的,当物体振动比较有规律的时候,发出的声音就是乐音,比如我们唱歌、各种乐器演奏音乐等,这些声音规律很强,我们听完之后都会觉得非常美妙。反之,如果物体的振动毫无规律可言,那发出的声音就是噪声。也有科学家把干扰人们休息、学习和工作的声音统称为噪声,比如在人们需要睡觉的时候,邻居家中传出的唱歌声就是噪声。

　　各种交通工具给人类带来便利的同时,也带来了严重的噪声问题:在公路上,有汽车发出的各种声音;江河里,也有各种各样的轮船、汽艇繁忙的汽笛声;就连天空中也有飞机发出的轰鸣声。

　　噪声在我们的生活中无处不在,噪声的来源主要有:

　　交通噪声——它是城市的主要噪声来源;

　　工业噪声——工厂的各种设备产生的噪声,它对工作环境中的工人和周围居民带来较大影响;

　　建筑噪声——主要来源于建筑机械发出的噪声;

　　社会噪声——包括人们的社会活动和家用电器、音响设备发出的噪声;

　　生活噪声——比如在家里蹦蹦跳跳、孩子的打闹哭喊声,特别是在深夜里,会对邻居产生较大的影响。

　　工业革命之前,一到晚上,周围就会变得一片寂静,地球上的声音,主要是自然界产生的各种声音。进入工业革命之后,各种机械设备的制造和使用在给人类带来了繁荣和进步的同时,也产生了越来越多、越来越强的噪声。

人类也受到严重的影响

延伸阅读

声音的分级是用分贝(dB)来表示的：

分贝级别	声音例子
0	无声
10	呼吸声
30	图书馆
50	冰箱、微风
70	繁忙交通、嘈杂办公室
危险地带	
80	工厂
90	铲车、割草机
100	锯链、风钻
120	打雷、摇滚乐
140	飞机起飞
160	近距离枪声
180	火箭发射

大家知道"狮吼功"吗？周星驰的电影《功夫》里就描写了狮吼功的巨大威力。在好莱坞的科幻片里面，也有展现声音巨大力量的镜头。那么，声音真的会有那么大的威力吗？

电影里对声音威力的演绎也许有一点夸张，但是高分贝的噪音确实能够给人体带来伤害。根据科学家的研究：噪音对人体会产生恶性刺激，严重影响睡眠质量，导致头晕、头痛、失眠、多梦、记忆力减退、注意力不集中等神经衰弱症状；长期暴露在噪音污染严重的环境中，还会引发消化道疾病，比如恶心、欲吐、胃痛、腹胀、食欲呆滞等，使人唾液、胃液分泌减少，胃酸降低，从而患上胃溃疡和十二指肠溃疡；噪音能使心脏病病人病发，使心血管系统疾病增加；噪音还能使人体中的维生素、微量元素、氨基酸、谷氨酸、赖氨酸等必需的营养物质的消耗量增加，影响健康。

很多人喜欢听音乐,但是音乐有的时候也会变成噪声。比如在大家睡眠的时候,如果你开着大音量的音响,对邻居来说就会形成噪音污染,打扰大家的睡眠。音乐声音过大的时候,也会形成噪音污染,比如在摇滚音乐厅持续待上半个小时,就会使人的听力受损。戴着耳机听音乐,如果长时间开着比较大的音量,也会对人的耳朵造成很大的损伤。有关研究表明,人如果在 80 分贝以上的噪音环境中生活,造成耳聋的可能性高达 50%。

噪音不仅损伤人们的听力,还会损害人的视力。大家都知道,人的七窍是相通的,对耳朵的强力刺激,也会反映在视力上。有研究指出,噪音可使色觉、视野发生异常。也有调查发现,在接触稳态噪音的 80 名工人中,出现红、绿、白三色视野缩小者高达 80%。

噪音对环境的影响

声音的大小，与"声压"有关；声音的尖或沉，与"音频"高低有关；声音是悦耳还是嘈杂，与"音调"是否和谐有关。

音频就是声音的频率，一个振动中的物体，每秒钟振动的次数为该物体的振动频率。声音能够在空气中传播，是因为物体的振动对周围空气产生了局部压强变化，产生声波。这个局部压强就是声压。如果噪声的声压过大，就会使人的耳膜受伤，对听力造成很大的损伤。

噪声是四大公害之一，它与其他有害有毒物质引起的公害不同，它的第一个特征就是没有污染物，在空中传播的时候并没有留下有害物质，它对环境的影响不累积、不持久，影响距离也有限制。噪声的声源不集中，不能像其他污染物一样处理。

噪声对动物和其他环境也有相当大的损害。科学研究证明：噪声能对动物的听觉器官、视觉器官、内脏器官及中枢神经系统造成影响，使之产生病理性变化，使动物们的行为变得怪异，甚至失去控制

噪声对仪器设备和建筑结构有相当大的危害。比如一些比较灵敏的设备,较大的噪声会使仪器设备失效,甚至损坏设备。当噪声超过150分贝的时候,会损坏仪器中的电阻、电容、晶体管等元件。特强噪声会引起材料的声疲劳,对火箭、宇航器等造成危害。

能力,出现烦躁不安甚至其他的变态行为。如在165分贝的噪声场中,大白鼠会疯狂窜跳、互相撕咬和抽搐,然后僵直地躺倒。在强烈的噪声环境下,鸟类会出现羽毛脱离,甚至不产卵的现象。更强烈的噪声,甚至会引起动物死亡:在170分贝的噪声环境下,6分钟就可以使实验白鼠中的一半死亡,如果再把噪声声压级调高3分贝,只需要3分钟白鼠就会有一半死亡。

当噪声超过140分贝的时候,会对建筑物产生破坏作用。比如超音速飞行的战斗机,如果在低空飞行,会对建筑物造成不同程度的损伤,出现门窗变形、玻璃破碎、墙壁开裂、抹灰震落、烟囱倒塌等现象。

需要捂住耳朵吗？

延伸阅读

中国学校一年一次的中考和高考,是决定很多学生命运的升学考试,非常重要。但在以前,很多人往往不自觉,在学生紧张备考冲刺期间仍在附近施工、叫卖商品等,严重影响了学生的学习效率。值得庆幸的是,近几年政府加大了治理考试期间噪音污染的管理力度,学生们终于有了安静的学习环境。

地球母亲已经对噪声的骚扰不胜其烦了,现在的她,由于睡不好觉,已经有点轻微的神经衰弱。我们该如何保护共同的母亲呢?需要捂住她的耳朵吗? 我们该如何减少噪声对环境和人类的影响呢?

为了减少噪声的危害,我们可以借鉴预防传染病的办法。一般预防传染病大面积流行的方法是在传染源、传播途径、易感人群三个方面进行控制,这样才能达到控制传染病的目的。控制噪声污染,我们也可以借鉴这种方法。

首先,要对噪声源进行控制,尽量控制在城市里行驶的各种车辆的鸣笛,减少噪声污染。那

些会产生噪声的马达，可以加装防震装置，减少噪声的产生。其次，可以对噪声的传播途径进行阻绝和隔断，比如采用隔音墙、吸音材料等。针对接受者的防护，一般采用隔音窗、耳塞等方式进行保护，长期职业性噪音暴露的工人可以戴耳塞、耳罩或头盔等护耳器。

世界各国政府都有相应的法律规定管制过量的噪声，我国的声学专家研究了国内外的各种噪声的危害和标准之后，提出了 3 条建议：为了保护听力和身体健康，噪音的允许值在 75~90 分贝；为了能够轻松交谈和通讯联络，周围环境噪音的允许值在 45~60 分贝；对于睡眠时间内的噪声建议在 50 分贝以下。

知识的复习与总结

本章介绍噪音污染的知识告一段落,你一定会对声音是如何对环境造成污染的有了深刻的了解,其实如果平时注意合理分配这些声音,把它们减轻到最低,噪音污染还是非常有可能被治理好的,这就要我们大家共同努力了。

下面的问题,请你从书中找到相应的答案。

1. 我们如何做才能减少城市中的噪音污染呢?

2. 声音的大小与什么有关系呢?

3. 造成噪音污染的有哪些设施?

住得越高越安静?

大家总是以为住得越高越安静,事实真是如此吗?很多人喜欢住高层,不仅因为"站得高看得远",而且认为住得高,距离马路相对较远,受车流等交通噪声的影响就小,可以在闹市区里享受清静。但事实上,楼层越高,噪音污染越大。

高层噪音污染的原因大多是没遮挡物。现在和酒店为邻的楼盘越来越多,而酒店的各种机器设备基本都是选址于裙楼或楼顶,城市中建筑物距离小,人口密度大,也没有标准规定室外设备"远离"要多远,所以噪音污染投诉越来越多。

高层和低层受到的噪音污染形式是不太相同的。对于低层而言,它的噪声源表现为震动和声音两部分。而对于高层的住户而言,震动的影响会被不断减弱,但声音是以声波的形式传递的,当某层的高度正好达到该噪声声波波长的整数倍时,噪声就会表现得十分明显。

橡皮筋的交响乐

在这一实验中,请你用橡皮筋来发出不同音高的声音。

实验所需工具:

厚度不同的橡皮筋 2 条、铅笔 2 支。

实验步骤 1:

将两条不同厚度的橡皮筋缠在一只铅笔上。两条橡皮筋要相互分开。

实验步骤 2:

把另一支铅笔放在两条橡皮筋下面,铅笔之间相距 5～10 厘米。

实验步骤 3:

先后拨动两根橡皮筋。听听是什么发出了声音以及两根橡皮筋发出的声音有什么不同。

实验步骤 4:

将手指放在两只铅笔之间的中心位置上,压住其中一根橡皮筋,拨动另一根橡皮筋,听听看什么样的声音呢?

实验之后,请观察并思考:

你在第 4 步所拨出的声音与在第 3 步所拨出的声音有什么区别?造成这种区别的原因是什么?

● 想吹喇叭

你家的音响噪音太大。

影响到我学习了，关掉吧！

终于能好好吹喇叭了！

● 噪音污染

让我们荡起双桨……

真难听。我有意见要提！

有意见保留！

好的，这就是上节课讲的噪音污染。

● 知道

老师，附近建筑工地又在施工了。

岂有此理，我要举报！

你去告诉他们我们在上课。

他们说他们知道。

● 狮子吼

据说美美的狮吼功很厉害。

你可以求她教教你。

美美，请教我狮吼功吧。

我在唱歌啊。

对啊，你唱歌就像狮子吼一样！

第6章
致命的辐射病

核技术发明之后，就像是打开了潘多拉的魔盒：它一边造福着人类，给人类带来巨大的能量，但当这种技术用在不合适的地方的时候，它又变成了一把悬在人类头顶的达摩克利斯之剑，随时准备惩罚着人类。

天使与魔鬼的组合体

课题目标

　　发挥你的侦探才能,了解核技术,思考人类的未来与核技术的关系,列出核能天使的一面和魔鬼的一面的数据,并做出对人类与地球有积极作用的建议来。

　　要完成这个课题,你必须:

　　1.和家长、老师或者好朋友一起合作。

　　2.需要了解核能的相关知识。

　　3.了解核泄漏的危害。

　　4.思考人类应该怎样和平利用核能。

课题准备

　　通过网络、书籍、电视等各种途径,查阅二战时有关原子弹的信息以及苏联核泄漏事故。

检查进度

　　在学习本章内容的同时完成这个课题。为了按时完成课题,你可以参考以下步骤来实施你的学习计划。

　　1.了解核能。

　　2.了解身边和平利用辐射的地方。

　　3.了解核战争给人类带来的苦难。

总结

　　本章结束时,可以和你的侦探团成员一起向
父母、老师讲解我们该如何维护和平。

普通的生物会变成怪物吗？

延伸阅读

据英国广播公司的报道，日本的琉球大学研究人员发现，日本福岛县的蝴蝶出现严重基因突变，很多蝴蝶的腿、触须以及翅膀形状发生变化。实验室研究也显示，这些异变与放射性物质有关。

本来是海洋中的正常生物，可是在受到核试验辐射的影响之后，产生了基因变异，变成了一个身高 100 米的怪兽，它在海洋上袭击过往的船只，后来又登陆到一个小岛上，造成了很大的破坏，这个怪兽的名字叫作"哥斯拉"。没错，你一定想到了，这就是日本著名的科幻惊悚电影《哥斯拉》。

哥斯拉是出现在电影里面的怪物，现实中有可能出现这样的怪物吗？答案是可能的。当生物暴露在核辐射环境中的时候，会使生物的基因发生巨变，这些变异的结果就是有可能出现像哥斯拉那样的怪物。

2012 年日本因大地震而发生了福岛核电站核泄漏事故，现在科学家已经在附近的动物身上检测到了变异，只是这种变异目前还比较温和，还没有形成像哥斯拉那样的怪物。

　　虽然人们都知道，核辐射会使生物变异，但是真正观察现实中的生物变异，才是近十年开始具体研究的。科学家指出，因为细胞中的 DNA 信息量巨大，改变其中的一些片段，并不一定会在生物的个体外貌上表现出来，生理结构简单、基因数量不大的昆虫更容易表现出被改造的特征。所以这种研究结论还不能套用到包括人类在内的其他物种上来。

什么是核辐射

我们经常听说核辐射，大部分人都是谈核色变。那么什么是核辐射呢？它到底有什么神奇，又有什么危险呢？

核辐射通常被人们称为放射性。科学家证明，世界上的物质都是由原子构成的，当原子核从一种结构或一种能量状态转变为另一种结构或另一种能量状态的过程中所释放出来的微观粒子流就是核辐射，这些粒子流带有非常强大的能量，可以使物质引起电离或激发，也称为电离辐射。

核反应是宇宙中早已普遍存在的自然现象，科学家认为，现在的所有化学元素，除氢以外都是通过天然的核反应合成的，恒星辐射出的巨大能量，也是来自核反应。自然界中的碳

—14,大部分是宇宙射线中的中子轰击氮—14 产生的。

　　放射性物质以波或微粒的形式发射出能量,主要有 α、β、γ 三种射线。α 射线是一种粒子流,就是氦原子核,它的穿透能力不强,只需一张纸就能将其挡住,但吸入体内危害大;β 射线是电子流,照射皮肤后烧伤明显,它的穿透力同样不强,所以比较容易防护;最难防护的射线是 γ 射线,它是一种能量非常高、波长非常短的高频电磁波,能够穿透人体和建筑物,影响的距离非常远,宇宙射线中,主要就是这种射线。

恐怖的"小男孩"和"胖子"

延伸阅读

核爆炸典型象征

核爆炸发生后，先是产生发光火球，继而产生蘑菇状烟云。

冲击波在爆心投影点附近地面的反射和抽吸作用使得地面掀起巨大尘柱，上升的尘柱和烟云相衔接，形成高大的蘑菇状烟云，简称蘑菇云。

大家看到这个题目，都会觉得非常奇怪，因为不管是小男孩还是胖子都非常可爱，怎么会恐怖呢?当你知道这里说的"小男孩"和"胖子"是什么，它们又造成了什么样的灾难的时候，你就会感觉到不寒而栗了。

"小男孩"和"胖子"是两颗原子弹的名字，就是在第二次世界大战中，美国投向日本广岛、长崎的两颗原子弹。

在介绍这两颗原子弹之前，我们先来介绍一下广岛和长崎这两座城市。日本的广岛市，是日本西南部广岛县的首府，1589年建成，是日本有名的"水都"。在第二次世界大战时，广岛是日本的军事重地之一。长崎是日本著名

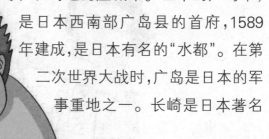

胖胖，咱们是要去轰炸日本吗?

的旅游城市,地形独特,风光秀美,位于日本的西端。

1945年8月6日,美军一架B－29轰炸机飞临日本广岛市区上空,投下了一颗叫作"小男孩"的原子弹。炸弹在距离地面580米的高空爆炸,在巨大冲击波的作用下,整个广岛化为一片废墟,建筑全部倒塌,全市24.5万人口中有7.8万人当日死亡,伤亡总人数达到20多万。这是人类第一次把核武器用到实战中。8月9日,美军又把另一颗代号为"胖子"的原子弹投到日本的长崎市,又把长崎市炸为一片废墟。

"小男孩"和"胖子"是人类最先用于实战的原子弹,也是迄今为止唯一用到实战中的两颗原子弹。它们给日本带来了巨大的伤害,除了当场被炸死的人之外,还有很多人在其后死于各种辐射疾病,甚至直到现在,还有很多人在忍受着辐射带来的伤害。

虽然"小男孩"和"胖子"给日本造成如此大的伤害,但更为重要的是它们加速了日本军国主义的投降进程,提前结束了反法西斯战争,减少了盟军不必要的伤亡,更间接拯救了数百万人宝贵的生命,也算是为世界反法西斯的胜利作出了贡献。

1945年5月,德国宣布无条件投降,而日本却仍在负隅顽抗。由于日本军队崇尚所谓的武士道精神,美国人认为如果靠军队占领日本的话,损失会非常大。为了促使日本迅速投降,美国决定对日本动用原子弹。

苏联切尔诺贝利事故

切尔诺贝利核电站事故是迄今为止人类历史上最大的核污染事故。它给人类造成的创伤，一直延续到现在。在了解这个事故之前，我们先看看什么是核电站吧。

核反应能够释放出巨大的能量，把核反应物质的浓度提纯很高的时候，一旦发生核反应，就会发生剧烈的爆炸。原子弹就是利用这个原理制成的。摧毁广岛的原子弹仅仅用了 6 千克的核反应物，就摧毁了一座城市。能量如此巨大，能不能控制它们的反应速度，造福人类呢？科学家们经过运算，把核反应物的浓度降低，再严格地控制它的反应速度，使它的能量释放不至于那么剧烈，用来推动发电机发电，这就是核电站。

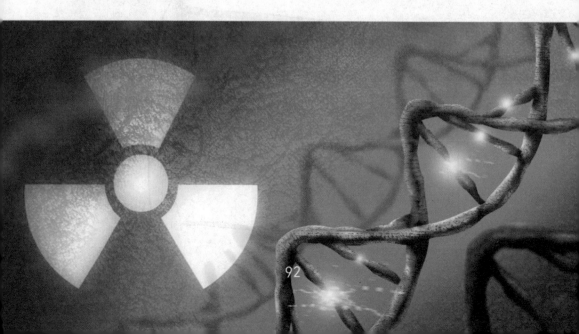

切尔诺贝利核电站是苏联时期建造的一座核电站，曾被认为是世界上最安全、最可靠的核电站。1986年4月26日，核电站的第四号核反应堆发生爆炸，连续、剧烈的爆炸撕裂了反应堆的外壳，致使强辐射物质泄漏，辐射尘随着爆炸气流散发到空气中，加上风的影响，东欧、北欧各国也都受到了影响。切尔诺贝利核电站所释放出的辐射剂量是二战时期爆炸于广岛原子弹的400倍以上。

事故当时造成了31人死亡，很多人患上了辐射病，320万人受到核辐射侵害，2294个居民点受到核污染。乌克兰有1500平方千米的肥沃农田因污染而废弃荒芜，约有2000万人受到放射性污染的影响。在污染地区，癌症和其他疾病的发病率明显上升，很多婴儿成为畸形或残疾，许多人患上各种不治之症。

怎么让人类免于灭亡

曾经有人说:现在地球上的核武器,足够把地球毁灭几十遍,那么,现在都有哪些国家拥有核武器,地球上的核武器一共有多少呢?

迄今为止,全世界公开宣称拥有核武器的国家一共有七个,这七个国家是:美国、俄罗斯、中国、法国、英国、印度、巴基斯坦,其中美国的核武器数量是全世界最多的,其次是俄罗斯、法国等。

地球上的核武器种类都有哪些呢？人类最早研制出来的核武器原子弹,算是核武器家族中的老祖宗,之后又陆续研制出来其他的核武器家族成员。氢弹是核武器中体积最大的,它利用氢元素的热核聚变反应,产生巨大的杀伤力,比原子弹的威力要大很多。中子弹是一种爆炸后释放大量中子的核武器,中子能够穿过钢铁、墙壁等对人员造成伤害,但是不损坏建筑和其他设备,可以算是一个专门的杀人利器。

地球上种类繁多的核武器,仅仅美国一国的,就能把地球灭亡几十遍,除了那些已经公开宣称拥有核武器的国家之外,还有一些国家也被认为具有核武器或者具有制造核武器的能力,比如以色列、日本、伊朗等。为了使人类免于灭顶之灾,一些国家缔结了核不扩散条约。

除了各种各样的核武器,对人类影响很大的还有核电站。由于管理不善或者各种天灾人祸,有些核电站泄漏事故已经给人类带来了很大的影响,怎样控制这些不必要的事故,使核技术造福人类而不是灭亡人类呢？

1.对能引起核污染的原料生产、加工、使用进行严格控制。

2.严格限制核原料的交易。

3.严格约束有关核武器的研制和开发。

4.进行核试验和开发,尽量选择偏僻的地方,使其对人类的影响尽可能地小。

对于那些受到核污染的土地,我们该如何治理呢？现在的核污染去除方法有:物理法、化学法、电化学法、微生物清除法、焚烧、超级压缩法、森林修复等。但是最重要的是找到合适的可控核原料,使核污染尽可能不要发生,这才是最好的方法。

美丽地球
少年环保科普丛书

知识的复习与总结

学习了本章的科普知识，你一定对有关核的知识有了一定的了解。核威胁是目前世界范围面临的重大危机，只要有一小部分人对其抱有邪恶的想法，世界终将受到毁灭性的危害。所以想要永久地消灭核武器就必须先消除人们心头贪婪的欲望！请回答下面提出的三道问题。

1. 普通动物会变成怪物的原因是什么？
2. 公开宣称拥有核武器的有哪七个国家？
3. 请简短叙述切尔诺贝利核泄漏事件的过程？

格陵兰岛的癌症

1968 年 1 月 21 日，地球北端格陵兰岛的图勒空军基地上的一架 B－52 飞机在起飞时不幸爆炸。奇怪的是，自从这架飞机爆炸以后，图勒地区的许多居民就患上了怪异的癌症。27 年以来，一个个病人命归黄泉，现代医学无可奈何。有关人士仔细统计后发现，图勒地区的癌症死亡率要比其他地区的平均死亡率高 40%。

原来，坠毁的那架 B－52 飞机不是普通的飞机，而是载有 4 枚氢弹的特种飞机。飞机坠毁，氢弹失落，大海里多了一个核污染源。有一枚氢弹穿透冰层，沉入海底，成为一颗威力巨大的定时炸弹；另外三枚氢弹弹体迸裂，氢弹中的钚渐渐向外泄漏，成为令人心惊肉跳的潜在核污染源。

核污染的悲剧没有停止。年复一年，图勒地区的许多居民因患怪异癌症而丧生。在丹麦公众的斗争和国际舆论的压力下，美国已经答应为所有在图勒基地工作过的丹麦人仔细检查身体。但是，美国是否会真正对当年灾难深重的核事故负责呢？这是留给国际社会的一个大问号。

我是环保小达人

请把下列空格里的知识补充完整

1.第二次世界大战中,美国投向日本的两颗原子弹分别是_____和_____。

2.放射性物质以波或微粒的形式发射出能量,主要有_____和_____、_____三种射线。

3.日本的研究人员发现,日本福岛县的_____出现严重基因突变。

4.核辐射会对儿童造成新的遗传疾病和_____。

5.切尔诺贝利核电站事故是_____年____月____日发生在_____境内的普里皮亚季市的一次历史上最为严重的核泄漏事故。

6.科学家认为,现在的所有化学元素,除氢以外都是通过_____合成的,恒星辐射出的巨大能量,也是来自核反应。

●看电影

今天天气真好啊!

不上补习班了,去电影院看《核武器大揭秘》。

电影院

小子!敢逃课看电影?

爸爸

●核辐射

功课做完就吃饭吧。

快来端饭啊,坐在那儿干什么?

我在想,你今天这么殷勤,莫非是被核辐射了?

环境恶化的警钟

● 看展览

今天我们去博物馆看展览吧。

有什么好看的？尽是些古旧的玩意！

我们去的是核辐射类展览馆！

连展览馆都被辐射了，我更不能去！

● 区别

原子弹和鸡蛋有什么区别？

笨！一种是动物，一种是武器。

不，一种是吃的，一种是爆炸的。

第7章
白色污染

　　一提起鬼怪，大家首先想到的都是白色的幽灵，飘飘忽忽、无形无影地来到你身边。现在，有一个白色的怪物，它纠缠上了地球母亲。那些漫天飘舞的塑料袋与满地堆积的快餐盒，就是我们将要介绍的白色污染！

寻找白色恶魔的真实身份

课题目标

发挥你的侦探才能,找到白色恶魔的真实身份,认识到它们的危害,提出环保建议。

要完成这个课题,你必须:

1.和家长、老师或者好朋友一起合作。

2.了解白色污染。

3.提出治理白色污染的合理化建议。

4.身体力行,和朋友们一起做环保小卫士。

课题准备

可以与你的好朋友一起上网了解相关知识,追踪白色污染元凶踪迹。

检查进度

在学习本章内容的同时完成这个课题。为了按时完成课题,你可以参考以下步骤来实施你的侦探计划。

1.查出造成白色污染的元凶。

2.了解白色污染的危害。

3.想一想,该如何应对白色污染。

总结

本章结束时,可以和你的侦探团成员一起向父母、老师展示你的环保成果。

什么是白色污染

　　我们经常听到的污染除空气污染、水污染、废渣污染、核污染外,还有一种污染叫白色污染。那么,白色污染到底是一种什么样的污染呢?

　　白色污染是人们对难降解的塑料垃圾(多指塑料袋)污染环境现象的一种形象称谓。这些塑料包括聚苯乙烯、聚丙烯、聚氯乙烯等高分子化合物制造的各种塑料制品。

　　比如我们吃饭用的一次性餐盒,农民种地用的塑料薄膜,这些都是白色污染物。白色污染是现在各个国家城市都有的现象,会造成城市污染。那么白色污染物为什么会造成污染呢? 污染的根源又是什么呢?

　　我们以聚氯乙烯为例来说明这些污染物为什么会造成这么严重的污染。聚氯乙烯能耐低温,耐酸碱腐蚀,常温下不溶于一般溶剂,不吸水,也不导电。在农业上用途很广,主要用来制造薄膜,用来给农作物保温,同时

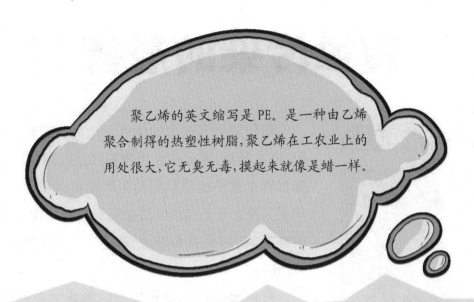

聚乙烯的英文缩写是 PE。是一种由乙烯聚合制得的热塑性树脂，聚乙烯在工农业上的用处很大，它无臭无毒，摸起来就像是蜡一样。

还具有良好的透光性。比较常见的聚氯乙烯制品有：板材、管材、鞋底、玩具、门窗、电线外皮、文具等。

聚氯乙烯性质稳定，有着很广泛的用途，但这种性质也带来很多麻烦，它难以降解，对于环境的污染可以长达数百年。

平时我们购物用的袋子很多是用聚氯乙烯做的。

103

白色污染的危害

延伸阅读

看一看这些数字

北京市:每年产生的白色污染物为14万吨,占生活垃圾的3%。

上海市:每年的白色垃圾总量为19万吨,占总垃圾量的7%。

天津市:年产10万吨白色垃圾,占生活垃圾总量的5%。

塑料制品有很多的优点,比如质量轻,耐用,成本低廉,因此在全世界被广泛应用。我国是世界上重要的塑料制品生产国和消费国,每年要消费上千万吨。但是由于塑料制品使用后很难降解,因此就会造成深层次的、长期的环境问题。

白色污染对环境和生态的影响主要有以下这些方面:

首先,白色污染物非常难降解,一般的需要200至400年才能在环境中完全消除,个别种类需要500年。这些污染物混在土壤中,影响农作物吸收养分和水分,会导致农作物减产。

其次,塑料袋本身会释放有害气体,当人们吸入这些气体后,就会对

人的肝脏、肾脏及中枢神经系统等造成损害。另外，用塑料袋包装熟食后，会让熟食变质，变质后的食品对儿童健康发育的影响尤为突出。

第三，塑料制品形成的白色污染会对水体造成污染。我们经常可以看到水库或者湖泊的岸边、水面上漂浮着大量的塑料瓶、泡沫饭盒、塑料袋、面包纸等，这些污染物里大多含有增塑剂和添加剂，这样就很容易导致水污染，对动植物及人类健康造成伤害。

第四，白色垃圾多以石油为原料，都是易燃物，非常容易引起火灾。除此之外，白色垃圾跟其他生活垃圾长时间一起堆积，会产生甲烷等可燃气体，成为火灾隐患，可能会造成重大损失。

第五，由于塑料的无法自然降解性，抛弃在陆地上或水体中的废塑料制品，被动物当作食物吞入后，吃下的塑料会长时间滞留胃中难以消化，这样胃就会被挤满，再也吃不下其他食物，最后只能被活活饿死。根据联合国环境署的资料，塑料残骸每年会导致 100 多万只海鸟与 10 万多只海洋哺乳动物死亡。

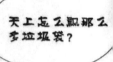

天上怎么飘那么多垃圾袋？

如何治理白色污染

白色垃圾已经成为一种严重的污染，对人们的生产生活都带来了很大的影响，科学家们也在为如何完美地处理白色垃圾犯难。在现有的基础上，我们该如何应对和治理白色污染呢？

1.寻找替代品

对于那些不能够降解的塑料垃圾，尽量地寻找替代物品，减少使用量，减少污染。

减少这种污染的办法就是采用其他材质的替代性购物袋，比如纸质的或者布质的购物袋。纸的主要成分是天然植物纤维，废弃后很容易被微生物分解，而且漂亮的纸质购物袋还可以重复利用，非常方便。布质的购物袋既美观又环保，可以多次利用，是一个非常不错的选择。

2.采用可降解塑料

为了破解白色污染问题，科学家们想了一个妙计：在制造塑料包装制

花钱买白色污染，不划算啊！

品的时候,加入一些使包装物的稳定性下降的添加剂,生产出可降解的塑料制品。这些添加剂可以是淀粉或者纤维素,也可以是光敏剂或者生物降解剂等,这样就可以让这些塑料在自然环境中很容易得到降解。

可降解的塑料暴露在环境中 3 个月以后,就开始变薄、失重、逐渐裂成碎片,但是这种方式仅仅是让塑料分成更小的碎片了,并没有从根本上改变白色污染对环境的污染,所以缺陷还是很明显的。

3.回收再利用

废旧的塑料,回收之后经过清洁,一些可以重复利用,另外一些则可以运用新技术,用在造粒、炼油、制漆、作建筑材料等方面,不仅可以减少对环境的污染,而且可以取得一定的经济效益,对处置城市生活垃圾有很大的帮助。

4.减少塑料制品使用

由于人们生活习惯的原因,有些时候塑料购物袋也存在非常严重的浪费情况,比如完全不需要利用购物袋的时候,人们往往也会用购物袋携带。为了减少这方面的浪费上,可以从法律方面进行规范规定。

比如现在我国的法律就规定:在全国范围内禁止生产、销售、使用厚度小于 0.025 毫米的塑料购物袋。所有超市、商场、集贸市场等商品零售场所实行塑料购物袋有偿使用制度,一律不得免费提供塑料购物袋。

新科技治理白色污染

延伸阅读

日本富士循环公司发命令将废旧塑料转化为汽油、煤油和柴油技术,采用 ZSM-5 催化剂,通过两台反应器进行转化反应,将塑料裂解为燃料。每千克塑料可生成 0.5L 汽油、0.5L 煤油和柴油

白色污染的危害非常大,世界各国都在寻求完美治理它的方式和方法,科学家也在思考如何利用新技术来治理白色污染。

现在科学家主要的研究方向是用裂解技术裂解塑料制品,生成新的化工原料。现在的裂解技术主要有热裂解和催化裂解两种。

美国开发了一种新工艺,可以将废旧的塑料在炼油厂中转化为基本的化学品。在反应塔中,把废塑料加热到 600～900℃,可回收出化工原料,这种方式一般不产生二次污染,但是技术要求高,成本也高。还有一种方式是把废旧塑料裂解成燃料。比如用二氧化硅/氧化铝和 HZSM-5 沸石作为催化剂,降解聚乙烯,可以制取高质量的汽油。

目前治理白色污染还有三项新技术。

可降解塑料技术。可降解塑料技术是在塑料的生产过程中加入一定

量的添加剂,如光敏剂等原料。可降解塑料制品在使用完之后,废弃在大自然中三个月，可由完整的形状分解成小碎片。但这项技术有很大的缺陷,就是这些碎片不能继续降解,只不过是由大片变成小片塑料,不能从根本上胜任消除白色污染的任务。

植物纤维粉加胺热压技术。该技术是以植物纤维,例如秸秆、稻草、甘蔗渣等经过破碎得到纤维粉,然后混入大量的胶或树脂,再注入到模具中加高压及高温下成型。利用该技术生产出的产品在降解性方面较好,但这种技术生产的一次性产品的外观颜色不好看。而且在生产过程中,植物纤维表面的农药残留物也难以去除干净,用于制作食品餐盒不一定安全。

生物全降解技术。该技术主要是采用淀粉为主要原料,加入一年生长期植物纤维粉和特殊的添加剂，经过化学和物理方法处理制成生物全降解产品。由于淀粉是一种可生物降解的天然高分子,在微生物的作用下会分解为葡萄糖,最后分解为水和二氧化碳,对环境也没有污染。此外,其原料来源是玉米、土豆、红薯、木薯等含淀粉丰富的植物,其生产过程也无任何污染。因而该技术生产的产品在使用后还可以进一步开发作为饲料利用,具有很强的再资源化功效。

知识的复习与总结

本章讲解白色污染的知识到此告一段落，通过阅读你应该能够准确掌握白色污染对城市的危害性。如果我们平时注意少用一次性用品，对环境保护时刻保持热诚，只有大家都有了自觉性，我们才能逐步让白色垃圾退出城市的舞台，还地球一个洁净的自然环境。请依据书中的知识回答下面的问题。

1. 请简述可降解塑料袋的特点。

2. 白色污染物非常难降解，一般需要多少年才能完全消除？

3. 除了白色污染，人类还处在哪些污染的威胁之下？

垃圾堆上种庄稼

地膜覆盖技术是一种能使庄稼增产的农业技术。由于效果明显，近年来这种技术在我国农业生产中迅速普及，目前我国每年地膜投入量约为120万吨，地膜覆盖面积超过13万平方千米，涉及棉花、玉米等40多种农作物，并呈逐年递增趋势。

30年前，正是因为使用了白色塑料薄膜，很多家庭棉田的产量有了大幅度提升。但渐渐地，地膜覆盖技术暴露了最大的缺点——农民们大量使用的超薄地膜一扯就烂，无法回收，只能任其埋在地下。而多年来埋入地下的残膜碎屑，更是没有办法清理，成为农田的永久垃圾。如今，埋在地下的残膜已经逼得农民们不得不在满是"白色垃圾"的土地里种庄稼。在一些刚刚犁过的地里，随手就能捧起夹带着残膜的土壤，最大的长达30多厘米。

农田地膜在我国西北和西南地区如此大规模应用，带来的污染问题十分严重，如不加以解决，就无法进行正常的农业生产。

我是环保小达人

来测试一下,看你是不是环保小达人!

1.经常用一次性的塑料饭盒吃午饭。

☐是　☐不是

2.塑料袋破了,随手乱丢。

☐是　☐不是

3.能说出三种以上对环境有危害的污染。

☐是　☐不是

4.外出打饭的时候用传统饭盒。

☐是　☐不是

5.打饭的时候用塑料袋打包。

☐是　☐不是

6.经常用不利于环保的薄膜。

☐是　☐不是

7.买东西的时候主动要塑料袋。

☐是　☐不是

8.购买可降解的塑料袋。

☐是　☐不是

9.懂得城市中各种垃圾的分类。

☐是　☐不是

10. 向家人或朋友讲解环境污染的危害。

☐是　☐不是

题目	是	不是
1	0 分	+10 分
2	0 分	+10 分
3	+10 分	0 分
4	+10 分	0 分
5	0 分	+10 分
6	0 分	+10 分
7	0 分	+10 分
8	+10 分	0 分
9	+10 分	0 分
10	+10 分	0 分

总分在60分以下的同学:看来你平常对白色污染和保护环境的认知程度不够,需要增强自己的环保意识了。

总分在60~80分的同学:你对白色污染的危害认识和采取的行动值得肯定,但还稍显怠慢,请继续加油!

总分在90分以上的同学:恭喜你成功获得了环保小达人的桂冠!

● 塑料袋

提倡环保，拒绝白色污染！

那我去把塑料袋扔到海里去。

真是个好青年！

别乱扔！

● 废物利用

这次可别再买塑料袋了！

没买。

你说过要环保嘛。

我都捡别人用过的。环保吧？

● 买鲜花

● 买饭

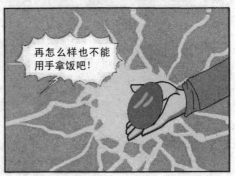

113

第8章
地球得了老花眼

光是人类最离不开的，如果离开了光，人类就没法生存，但是如果光太多、太乱也能形成污染。很不幸，地球上现在的光污染已经非常严重了，地球母亲虽然正值壮年，好像也患上了老花眼病。

寻找光污染的根源和应对方法

课题目标

发挥你的侦探才能,寻找形成光污染的原因,想出应对光污染的办法,并身体力行实施你的环保小计划。

要完成这个课题,你必须:

1. 和家长、老师或者好朋友一起合作。
2. 了解光污染的危害。
3. 提出治理光污染的合理化建议。
4. 身体力行,和朋友们一起做环保小卫士。

课题准备

可以与你的好朋友一起上网了解相关知识,追踪元凶踪迹;也可以和好朋友一起在晚上观察各种光污染。

检查进度

在学习本章内容的同时完成这个课题。为了按时完成课题,你可以参考以下步骤来实施你的计划。

1. 查出光污染的危害。
2. 了解光污染产生的原因。
3. 思考如何避免光污染。
4. 实施行动,做一个环保小卫士。

总结

本章结束时,可以和你的好朋友一起向父母、老师展示你的环保成果。

什么是光污染

光污染指的是一些可能对人的视觉环境和身体健康产生不良影响的事物，包括生活中常见的书本纸张、墙面涂料的反光，甚至是路边彩色广告的"光芒"亦可算在此列，光污染所包含的范围之广由此可见一斑。在日常生活中，人们常见的光污染的状况多为由镜面建筑反光所导致的行人和司机的眩晕感，以及夜晚不合理灯光给人体造成的不适。

国际上一般将光污染分成 4 类，即白亮污染、眩光污染、人工白昼和彩光污染。

白亮污染

玻璃面砖墙、磨光大理石和各种涂料等材料反射光线，明晃白亮，眩眼夺目。专家研究发现，长时间在白色光亮污染环境下工作和生活的人，视网膜和虹膜都会受到程度不同的损害，视力急剧下降，白内障的发病率高达 45%。还使人头昏心烦，甚至发生失眠、食欲下降、情绪低落、身体乏力等类似神经衰弱的症状。

据光学专家研究，镜

觉都睡不着了……

这叫人工白昼。

面建筑物玻璃的反射光比阳光照射更强烈,其反射率高达 82%～90%,光几乎全被反射,大大超过了人体所能承受的范围。夏天,玻璃幕墙强烈的反射光进入附近居民楼房内,破坏室内原有的环境,也使室温平均升高 4～6℃,影响人们正常的生活。

眩光污染

汽车夜间行驶时照明用的大灯,厂房中不合理的照明布置等都会造成眩光。某些工作场所,例如火车站、机场以及自动化企业的中央控制室,过多和过分复杂的信号灯系统也会造成工作人员视觉锐度的下降,从而影响工作效率。焊枪所产生的强光,若无适当的防护措施,会伤害人的眼睛。长期在强光条件下工作的工人(如冶炼工、熔烧工、吹玻璃工等)也会由于强光而使眼睛受害。

人工白昼

夜幕降临后,商场、酒店的广告灯、霓虹灯闪烁夺目,令人眼花缭乱。有些强光束甚至直冲云霄,使得夜晚如同白天一样,这就是所谓的"人工白昼"。在这样的"不夜城"里,人体正常的生物钟被扰乱,导致白天工作效率低下,夜晚难以入睡。人工白昼还会伤害鸟类和昆虫,因为强光可能会破坏昆虫在夜间的正常繁殖过程。

彩光污染

舞厅、夜总会安装的黑光灯、旋转灯、荧光灯以及闪烁的彩色光源构成了彩光污染。据测定,黑光灯所产生的紫外线强度大大高于太阳光中的紫外线,且对人体有害影响持续时间长。人如果长期接受这种照射,可诱发流鼻血、脱牙、白内障,甚至导致白血病和其他癌变。彩色光源让人眼花缭乱,不仅对眼睛不利,而且干扰大脑中枢神经,使人感到头晕目眩,出现恶心呕吐、失眠等症状。

特殊的光污染

延伸阅读

目前，大城市普遍、过多地使用灯光，使天空太亮，看不见星星，影响了天文观测、航空等，很多天文台因此被迫停止工作。据天文学统计，在夜晚天空不受光污染的情况下，可以看到的星星约为7000颗，而在路灯、背景灯、景观灯密集的大城市里，只能看到20～60颗星星。

激光污染

激光污染是光污染的一种特殊形式。由于激光具有方向性好、能量集中、颜色纯等特点，通过人眼晶状体的聚焦作用后，到达眼底时的光强度可增大几百至几万倍，所以激光对人眼有较大的伤害作用。激光光谱的一部分属于紫外和红外范围，会伤害眼结膜、虹膜和晶状体。功率很大的激光能危害人体深层组织和神经系统。近年来，激光在医学、生物学、环境监测、物理学、化学、天文学以及工业等多方面的应用日益广泛，激光污染愈来愈受到人们的重视。

红外线污染

红外线近年来在军事、人造卫星、玩具以及工业、卫生、科研等方面的应用日益广泛，因此红外线污染问题也随之产生。红外线是一种热辐射的电磁波，红外线虽然看不见，但有热的感觉，较强的红外线可造成皮肤损害，其情况与烫伤相似，最初是灼痛，然后出现类似烧伤症状。波

红外线

长在 760~1400nm 的红外线称为短波红外线，波长在 300～4000nm 的红外线称为长波红外线,有时将短波和长波统称为远红外线,远红外线几乎完全被角膜、虹膜、房水和晶状体吸收,红外线产生的热能传给晶状体并使其受伤,这就是红外线白内障,或叫热内障。

紫外线污染

紫外线根据波长分为三种:短波、中波、长波。太阳照射时,短波紫外线被地球大气中的臭氧层所吸收，而中波和长波紫外线大部分照到地面上。中波紫外线能使皮肤呈赤斑,容易引起角膜炎和皮肤癌。长波紫外线能使皮肤晒黑,容易引起白内障。

大部分伤害人体的紫外线多是地球表面的反射光，经草地反射入人眼的紫外线为 3%，水面为 3%~6%，沙地为 20%~30%，雪地为 85%~95%。

紫外线对神经不产生直接刺激，所以受了伤还不知道，也无症状,4~12 小时之后症状才逐步显现出来,一般表现为:眼部发痒、流泪、畏光、结膜肿胀。而且紫外线还有一个特性,对眼睛伤害的累加作用,即某一点强度紫外线间歇照射,中间虽有间断,但其结果却同一次连续大照射是相同的,这也是老年人患白内障比较多的原因之一。

光污染的危害

光污染使夜空失色

据美国一份最新的调查研究显示，夜晚的华灯造成的光污染已使世界上 1/5 的人对银河系视而不见。这份调查报告的作者之一埃尔维奇说："许多人已经失去了夜空，而正是我们的灯火使夜空失色"。他认为，现在世界上约有 2/3 的人生活在光污染里。

在远离城市的郊外，每当夜幕降临，仰望着神秘美丽的天空，我们可以看到 2000 多颗星星，而在大城市里，却只能看到几十颗。

在欧美和日本，光污染的问题早已引起人们的关注。美国还成立了国际黑暗夜空协会，专门与光污染作斗争。

噪光污染损害眼睛

近视与环境有关。人们都知道水污染、大气污染、噪声污染对人类健康的危害，却没有发觉身边潜在的威胁——噪光污染也正在严重损害着人们的身体健康。

大晚上开着灯
还让不让人睡
觉了？

对眼睛造成伤害的几种辐射光线

伽玛线	X线	紫外线	可见光谱	红外线	电磁波	电力周波

随着城市建设的发展和科学技术的进步，日常生活中的建筑和室内装修采用镜面、瓷砖和白粉墙相当普通，近距离读写使用的书本纸张越来越光滑，人们几乎把自己置身于一个"强光弱色"的"人造视环境"中。

近年来，环境污染日益加剧，无数悲剧的发生，让人们越来越懂得环境对人类生存健康的重要性。人们关注水污染、大气污染、噪声污染等，并采取措施大力整治，但对噪光污染却重视不够。其后果就是各种眼疾，特别是近视比率迅速攀升。据统计，我国高中生近视率达60%以上，居世界第二位。

视觉环境中的噪光污染大致可分为三种：一是室外视环境污染，如建筑物外墙；二是室内视环境污染，如室内装修、室内不良的光色环境等；三是局部视环境污染，如书本纸张、某些工业产品等。

彩光污染的危害

科学家最新研究表明，彩光污染不仅有损人的生理功能，而且对人的心理也有影响。

视觉环境已经严重威胁到人类的健康生活和工作效率，每年给人们造成大量损失。为此，关注视觉污染，改善视觉环境，已经到了刻不容缓的程度。

人工白昼还可伤害昆虫和鸟类，因为强光可破坏夜间活动昆虫的正常繁殖规律。同时，昆虫和鸟类可被强光周围的高温烧死。

光污染还会破坏植物体内的生物钟节律，有碍其生长，导致其茎或叶变色甚至枯死，对植物花芽的形成造成影响，并会影响植物休眠和冬芽的形成。

如何让地球不患上白内障

光污染未被列入环境防治范畴

光污染的危害显而易见,并在日益加重和蔓延。因此,人们在生活中应注意防止各种光污染对健康的危害,避免过长时间接触不良光线。

光对环境的污染是实际存在的,但由于缺少相应的污染标准与法规,因而不能形成较完整的环境质量要求与防范措施。防治光污染,是一项社会系统工程,需要有关部门制定必要的法律和规定,采取相应的防护措施。

首先,在企业、卫生、环保等部门,一定要对光污染有一个清醒的认识,要注意控制光污染的源头,加强预防性卫生监督,做到防患于未然,科研人员在科学技术上也要探索有利于减少光污染的方法。在设计方案上,合理选择光源,要教育人们科学合理地使用灯光,注意调整亮度,不可滥用光源,不要再扩大光的污染。

其次,对于个人来说,要增加环保意识,注意个人保健。个人如果不能避免长期处于光污染的工作环境中,应该考虑到防止光污染的问题,采用个人防护措施,如戴防护镜、防护面罩,穿防护服等,把光污染的危害减轻到最小。已出现症状的应定期去医院作检查,及时发现病情,以防为主,防治结合。

治理玻璃幕墙建筑反光

华侨大学建筑学院冉茂宇教授主要研究建筑物室内外物理热、声、光的环境,对建筑物玻璃幕墙产生光污染的问题颇有研究。冉教授分析,建筑物玻璃幕墙与阳光照射时间、角度有直接关系,很多建筑物为了时尚、美观,纷纷运用玻璃幕墙来装饰,设计者一定要注意,处于东南边的房子日照强,要减少或避免使用玻璃幕墙来装饰,而北边的房子日照较弱,时间较短,比较适合安装玻璃幕墙。

针对防止玻璃幕墙反光的问题,冉教授提出:第一,要选用毛玻璃等表面粗糙的材料,而不应使用全反光玻璃;第二,要注意玻璃幕墙安装的角度,尽量不要在凹形、斜面建筑物上使用玻璃幕墙;第三,可以在玻璃幕墙内安装双层玻璃,在内侧的玻璃表面贴上黑色的吸光材料,这样就能大量地吸收光线,避免反射光影响市民。

知识的复习与总结

　　本章介绍光污染的危害,我们能从这些科普知识中了解这种被人类创造出来的污染对于整个社会的影响! 虽然光污染未被列入环境防治的范畴,但若任由其蔓延,长此以往将严重影响人们的健康。下面请回答根据本章知识所提出的问题。

　　1.考虑到防止光污染,采用个人防护措施应佩戴哪些防护用品?

　　2.据有关专家介绍,视觉环境中的噪光污染大致可分哪三种?

　　3.什么是红外线污染? 什么是紫外线污染?

电脑也是光污染源?

　　除玻璃幕墙外,建筑物的釉面砖、磨光大理石以及家装中普遍采用的各种装饰材料,甚至家庭用灯、电视、电脑等也是造成光污染的污染源。

　　医学研究发现,人们长期生活或工作在逾量的或不协调的光辐射下,会出现头晕目眩、失眠、心悸和情绪低落等神经衰弱症状。城市中的夜景灯光由于采用人工光源而非全光谱照射,会扰乱人们正常的生物钟,使人倦乏无力。作为夜生活主要场所的歌舞厅中的光污染危害更让人触目惊心, 它能使长期活动和工作在其间的人的细胞非正常衰亡, 出现血压升高、心急燥热等各种不良症状。其中缤纷的色彩光源也会影响人类大脑中枢神经,使这一控制人体活动的"主机"受损。

凭空消失的玻璃杯

让我们来试一试在不同的液体中,光线是如何折射的。

实验所需道具:

大小玻璃杯各一个、植物油。

实验步骤:

1. 把一个小玻璃杯放在一个大玻璃杯中,你能看到大玻璃杯中的小玻璃杯吗?

2. 在两个玻璃杯中都盛满水,从侧面看,你依然能看到小玻璃杯吗?

3. 倒净两个玻璃杯中的水,擦干,然后注满植物油再观察,你看到了什么?

观察与思考:

为什么光线在植物油中的折射与在水中不同?

●不能没有光

啊，好无聊。

太阳晒得我好热。

虽然晒，但是我们不能没有光。

没有太阳光，我们可以点灯啊。

●光污染

光污染是城市中独有的。

谁说的，农村也有啊！

农村现在也这么发达？

都市村庄！

● 借手电筒

● 镜子与玻璃

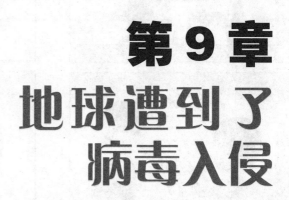

第9章
地球遭到了
病毒入侵

病毒是一种危害其他生物的生物，比如有一些病毒叫作噬菌体，它们专门破坏细菌，利用细菌体内的物质合成自身物质。植物病毒和动物病毒也会破坏植物细胞和动物细胞。地球目前正遭到病毒入侵的威胁！

寻找破坏生态平衡元凶

课题目标

发挥你的侦探才能,找到破坏生态平衡的元凶,并身体力行实施你的环保小建议。

要完成这个课题,你必须:

1.和家长、老师或者好朋友一起合作。

2.需要了解生态平衡的意义。

3.寻找生物污染的危害。

4.思索如何控制生物污染。

课题准备

可以与你的好朋友一起上网了解相关知识,追踪元凶踪迹。可以到野外实地考察,寻找生物入侵的痕迹。

检查进度

在学习本章内容的同时完成这个课题。为了按时完成课题,你可以参考以下步骤来实施你的侦探计划。

1.查出破坏生态平衡的元凶。

2.了解破坏生态平衡的元凶是怎么产生的?

3.列出你了解到的生物入侵种类。

4.实施行动,做一个环保小卫士。

总结

本章结束时,可以和你的侦探团成员一起向父母、老师展示你的环保成果。

地球遭受着病毒入侵

延伸阅读

病毒是什么?

病毒是颗粒很小、结构简单、寄生性严格、以复制进行繁殖的一类非细胞型微生物。无法独立生长和复制。病毒的大小是细菌的百分之一,可以感染所有的具有细胞结构的生命体。

第一个已知的病毒是烟草花叶病毒,由马丁乌斯·贝杰林克于1899年发现并命名。

如今已有超过5000种类型的病毒得到鉴定。

生物污染是由可导致人体疾病的各种生物特别是寄生虫、细菌和病毒等引起的环境和食品的污染。未经处理的生活污水、医疗废弃物、工厂废水、垃圾和人畜粪便以及大气中的飘浮物和气溶胶等排入水体或土壤,可使水、土环境中虫卵、细菌数和病原菌的数量增加,威胁人体健康。在污浊的空气中病菌、病毒大幅度增加,食物受霉菌或虫卵感染都会影响人体健康。

由于海湾赤潮及湖泊中的富营养化,导致某些藻类等生物过量繁殖。这也是水体生物污染的一种现象。

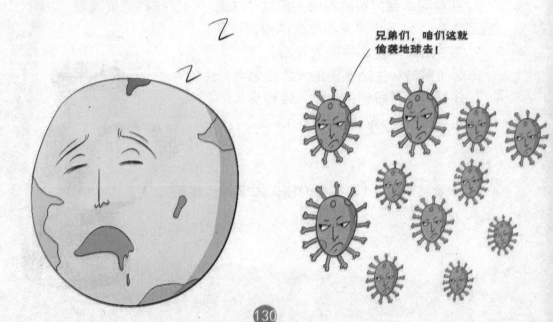

兄弟们,咱们这就偷袭地球去!

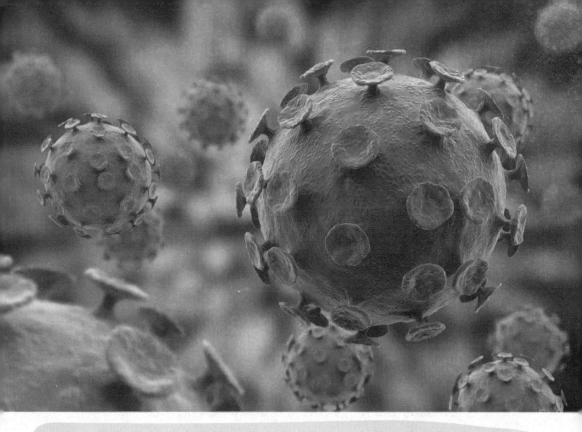

　　生物污染与化学污染、物理污染的不同之处在于：生物是活的、有生命的，外来生物能够逐步适应新环境，不断增殖并占据优势，从而危及本地物种的安全。

　　在地球上，因为有了高山、大海、沙漠、河流等的天然屏障作用，使得不同的区域形成了自成体系又形态各异的生态系统。生物污染是指外来生物被有意无意地引入一个新的生态系统内，并对该系统造成影响或危害的现象。

　　生物污染按照物种的不同，可以分为：

　　动物污染——主要为有害昆虫、寄生虫、原生动物、水生动物等；

　　植物污染——杂草是最常见的污染物种，还有某些树种和海藻等；

　　微生物污染——包括病毒、细菌、真菌等。

生物污染是什么样的污染

生物污染预测难。人们对外来生物在什么时候、什么地方入侵难以作出预测。

生物污染潜伏期长。一种外来生物侵入之后,其潜伏期可长达数年,甚至数十年,因此,难以被发现,难以跟踪观察。

生物污染破坏性大。外来生物的侵入,在破坏了当地生态环境的同时,也破坏了该生态系统中各类生物的相互依存关系,可能造成严重的后果。

水、气、土壤和食品中的有害生物主要来源于生活污水、医疗废弃物、屠宰、食品加工厂污水、未经无害化处理的垃圾和人畜粪便以及大气中的飘浮物和气溶胶。其中主要含有危害人与动物消化系统和呼吸系统的病原菌、寄生虫,引起创伤和烧伤等继发性感染的溶血性链球菌、金黄色葡萄球菌等,以及可引起呼吸道、肠道和皮肤病变的花粉、毛虫毒毛、真菌孢子等。这些有害生物对人和生物的危害程度主要取决于微生物和寄生虫

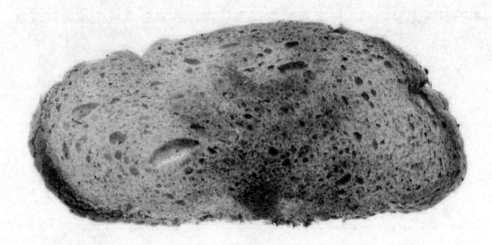

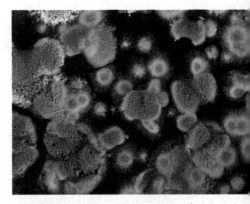

的病原性、人和生物的感受性以及环境条件三个因素。

各种病原微生物在水中存活的时间各不相同,并与水质、水温、pH 值等因素有关。如沙门氏菌在水温较低和水中营养物较多时存活时间较长;志贺氏菌在清洁水中较在污水中存活时间长;霍乱弧菌在杂菌多的水中存活时间较短,水的 pH 值在 5.6 以下时,即不能生存。病毒一般在水温较低的条件下存活时间较长。微生物在空气中的生长和繁殖,同空气湿度、温度和光线等因素有关。

霉菌

霉菌是一种能够在温暖和潮湿环境中迅速繁殖的微生物,其中一些能够使人体出现恶心、呕吐、腹痛等症状,严重的会导致呼吸道及肠道疾病,如哮喘、痢疾等。患者会因此而萎靡不振,严重时甚至会出现昏迷、血压下降等症状。

生物污染导致你体内有许多寄生虫。

像病毒一样的植物

水葫芦

水葫芦是一种多年生宿根浮水草本植物，因其在根与叶之间有一像葫芦状的大气泡,因此称之为水葫芦。它浮水或生于泥土中,生于河水、池塘、池沼、水田或小溪流中,因它多浮于水面生长,又叫水浮莲。水葫芦茎叶悬垂于水上,蘗枝匍匐于水面。花为多棱喇叭状,花色艳丽美观。叶色翠绿偏深,叶全缘,光滑有质感。须根发达,分蘗繁殖快,管理粗放,是美化环境、净化水质的良好植物。

但正是由于水葫芦繁殖能力太强了,能迅速覆盖住整个湖面,有时甚至会堵塞水道,使得水中的其他植物不能进行光合作用,而水中的动物也不能充分的空气与食物,破坏了水中的生态平衡。因此,水葫芦也是一种有害处的物种。

目前,水葫芦已经广泛分布于北美、非洲、亚洲、大洋洲和欧洲的至少 62 个国家。

加拿大一枝黄花

加拿大一枝黄花是桔梗目菊科植物，又名黄莺、麒麟草。这种花色泽亮丽,常用于插花中的配

花。加拿大一枝黄花原产于北美,20 世纪 30 年代中期被作为观赏植物引入上海、南京等地,后逸生为恶性杂草,对我国的社会经济、自然生态系统和生物多样性构成了巨大威胁。

加拿大一枝黄花是多年生植物,根状茎发达,繁殖力极强,传播速度快,生长优势明显,生态适应性广阔,与周围植物争阳光、争肥料,导致其他植物死亡,从而对生物多样性构成严重威胁。可谓是黄花过处寸草不生,故被称为生态杀手、霸王花。

据上海植物专家统计,近几十年来,加拿大一枝黄花已导致 30 多种乡土植物物种消亡。目前国内治理加拿大一枝黄花的手段主要是运用人工防治和化学防治的方法,投入大,效果却不十分理想。

以前防治加拿大一枝黄花的方法主要有焚烧、药剂防治、加强绿地农田管理等。目前,被列入中国重要外来有害植物名录的加拿大一枝黄花有了克星。科学家们通过野外调查筛选出可能的替代物种——芦苇,利用替代控制法,首次使生态治理加拿大一枝黄花成为可能。

像病毒一样的动物

亚洲鲤鱼

亚洲鲤鱼其实是指整个"亚洲鲤鱼科"，在中国，主要是指我们常见常吃的鲢鱼、青鱼和鳙鱼。这些鱼种除了人之外，几乎没有天敌。鲢鱼是人工饲养的大型淡水鱼，生长快，疾病少，产量高，多与草鱼、鲤鱼混养。其肉质鲜嫩，营养丰富，是较宜养殖的优良鱼种之一。为我国主要的淡水养殖鱼类之一，分布在全国各大水系。

20 世纪 60 年代，美国急于找到一种比化学药物更为安全的方式，用来控制泛滥的水生植物、藻类等。于是，美国鱼类和野生动物局想到了"生物方法"，从中国将鲢鱼引进阿肯色州。随后不少养鱼场纷纷效仿，把鲢鱼当作了绝佳的天然池塘清洁员。可到了 90 年代，由于密西西比河发了几次洪水，这些鱼沿着密西西比河一路北上，其他的"亚洲鲤鱼兄弟"也或先或后陆续成了"非法移民"。由于缺乏自然的天敌，这些生长迅速、繁殖能力强的"鲤鱼"成了当地的水霸王。因为美国人使用刀叉，不能吃多刺的鱼，自然就不再捕捞，所以"鲤鱼"在那里没有天敌，从而造成了生态灾难。

尼罗河鲈鱼

尼罗河鲈鱼是非洲许多水域土生土长的大鱼，20 世纪 50 年代，人们在克约伽湖放养了这种鱼，让尼罗河鲈鱼来捕食当地渔民不捕的小丽鱼科鱼类，这样，鲈鱼就能长得更大且肉质会更鲜美。成年尼罗河鲈鱼体重很重，它们不仅吃昆虫、甲壳动物和其他鱼类，有时甚至连它们的同类都是捕食对象。10 年之间，克约伽湖的鲈鱼已经站稳脚跟、繁衍后代了，到了 80 年代，尼罗河鲈鱼已成为湖中主要肉食性大鱼。它们以几十种小鱼为食，并使湖中的几种鱼类已经灭绝。尼罗河鲈鱼把吃藻类的鱼消灭一光后，湖里的水藻便开始疯长，从而产生了严重的生态灾难。

巴西杀人蜂

为了获得更多的蜂蜜,1956 年,巴西圣保罗大学的研究人员决定引进一些非洲蜂种。他们深知非洲蜂凶猛狂暴,一遇挑战就群起而攻之,且毒性很大,因此,仅引进了 35 只种蜂,本想将它们改造、驯养成为适应巴西生存环境的多产蜜蜂,不料却意外逃走了 26 只。这些逃走的非洲蜂与当地的巴西蜂交配后,生成了一种繁殖力很强、毒性很大的杂种蜂——巴西杀人蜂,蜂害便从此开始。

养蜂人受毒蜂蜇伤的事件不断发生,其中有一次是一名工作人员打死了一只停在他胳膊上的蜜蜂,结果立刻受到蜂拥而至的群蜂攻击,导致这名工作人员死亡。据不完全统计,因杀人蜂袭击而死亡的人数目前已达 200 多人,牛马等牲畜的损失更是难以计数。

137

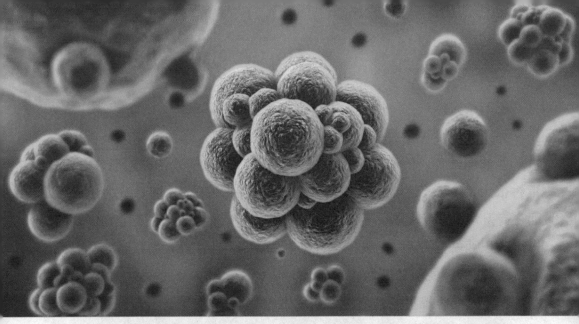

如何预防这些病毒病

生物污染对人类构成了极大威胁。那么,我们应如何避免生物污染的进一步恶化,又需要从哪些方面来努力呢?

一要进一步严格进口货物的动植物检疫及微生物检疫工作,防止外来生物随货侵入。

二要减少对外来物种的引进,引进前必须经过充分论证。

三要加强有关生物污染的基础理论研究,建立国家级监控体系和数据库。

四要提高人口的整体素质,增强环境保护、物种保护、生物多样性保护和防止生物污染的意识。

五要对已经发生的生物污染积极进行治理,防止其继续传播扩散,以免造成更大的危害。

六要严格控制污染源,加强对病原生物在环境中传布途径的研究,以便采取适当的方法(物理的、化学的或生物的)进行防治。

七要注意工业的合理布局,完善生产过程中的消毒和检验措施。如植物种子的消毒、浸种、拌种,有机肥料的无害化处理,食品生产的卫生检验等。

日常生活中,我们又应注意哪些方面的问题,才能减少室内污染呢?

保持家居、办公室及其他室内环境清洁。定期清洗有助于削减尘螨及其他引致过敏的病菌;保持室内空气流通及室内空气清新干爽,空调房应常开窗换气;在厨房和浴室安装及使用抽气扇,将废气抽出室外排放;注意个人和室内环境卫生,做到勤洗澡、勤换衣、勤理发、勤晒被褥、勤打扫卫生、勤消毒;注意饲养宠物的卫生,特别是家中有儿童、孕妇的一定要注意,尽量不养;定期检测中央空调,一旦发现细菌超标,应立刻采取有效消毒措施;居室适当绿化,绿色植物有净化空气、除尘、杀菌和吸收有害气体的功用;定期进行室内环境中的生物污染检测。

延伸阅读

病毒的起源

只要有生命的地方,就有病毒存在。病毒很可能是在第一个细胞进化出来时就存在了的。它不形成化石,也就没有外部参照物来研究其进化过程。同时,病毒的多样性显示它们的进化很可能是多条线路,而非单一的。

知识的复习与总结

生物污染是最新提出的概念,通过本章的论述,我们大致了解了什么是生物污染以及生物污染对于环境的影响,目前对生物体所含环境污染物的分析,对环境质量进行监测是比较好的治理手段。当然,等我们长大了,学习了足够的知识,就能想到更好的方法啦。请回答下面三个问题。

1.种植水葫芦有哪些好处和害处?

2.防止生物污染的方法有哪些?

3.生物污染与化学污染、物理污染有什么不同之处?

其他的生物污染

1.恐怖的薇甘菊

"植物杀手"薇甘菊在深圳西南海面上的内伶仃岛迅速蔓延,已呈不可阻挡之势。往日浓荫蔽日、绿树摇曳的岛上,长满了薇甘菊。它们宛如一张张巨网,黑压压地笼罩在美丽的荔枝树、芭蕉树、相思树上。树木因为沐浴不到阳光而无声无息地死去,鲜花和绿草因为呼吸不到新鲜的空气而枯萎,岛上的土地正蜕变成荒原,素有"植物天堂"美誉的内伶仃岛,可能会被薇甘菊破坏得面目全非。

恐怖的"植物杀手"薇甘菊原产于中、南美洲。20世纪80年代,薇甘菊传到东南亚,给种植香蕉、茶叶、可可、水稻等经济作物的农民造成了不可估量的损失。90年代初,薇甘菊的魔脚踏上了海南岛,几年后到达了深圳,在深圳一片270公顷的人工山林里,几乎80%的山林遭到了薇甘菊的蹂蹦。大片的杉树林被薇甘菊封杀,一些山顶已被薇甘菊完全覆盖。

2.大米草

20世纪80年代初,福建省宁德地区为了"保滩护堤,保淤造地",开始引种和推广英国大米草与美国护花米草。结果大米草以每年267～333公顷的速度增长,如今已吞噬滩涂7300公顷以上。大米草繁殖力极强,生长旺盛,阻塞航道,影响海水交换,致使水质下降,导致贝类、蟹类等大量死亡,虾病、鱼病增多,海带、紫菜等生长受到影响,产量逐年下降。大米草蔓延之处,滩涂荒废,严重影响当地滩涂养殖业的发展,影响群众的生产和生活。"洋草"成了"祸草",这是发生生物污染的典型一例。

3.尘螨

尘螨是最常见的空气微小生物之一,是一种很小的节肢动物,肉眼是不易发现的。尘螨是引起过敏性疾病的罪魁祸首之一,室内空气中尘螨的数量与室内的温度、湿度和清洁程度相关。家庭装饰装修中广泛使用的地毯、壁纸和各种软垫家具,特别是空调的普遍使用,为尘螨的繁殖提供了有利的条件,这也是室内尘螨剧增的原因之一。

4.军团菌

目前已知军团菌是一类细菌,可寄生于天然淡水和人工管道水中,也可在土壤中生存。研究表明,军团菌可在自来水中存活约1年,在河水中存活约3个月。军团病的潜伏期为2～20天不等。主要症状表现为发热、伴有寒战、肌疼、头疼、咳嗽、胸痛、呼吸困难等,病死率高达15%～20%,与一般肺炎不易鉴别。

● 打扫卫生

● 坏菊花

●报应

●被污染